Fatouma Mohamed Abdoul-Latif
Ayoub Ainane
Tarik Ainane

ALGAS: DO MICRO AO MACRO

Fatouma Mohamed Abdoul-Latif
Ayoub Ainane
Tarik Ainane

ALGAS: DO MICRO AO MACRO

BIODIVERSIDADE, INOVAÇÃO E APLICAÇÕES SUSTENTÁVEIS NA INDÚSTRIA

ScienciaScripts

Imprint

Cover image: www.ingimage.com

This book is a translation from the original published under ISBN 978-620-2-54007-0.

Publisher:
Sciencia Scripts
is a trademark of
Dodo Books Indian Ocean Ltd. and OmniScriptum S.R.L publishing group

120 High Road, East Finchley, London, N2 9ED, United Kingdom
Str. Armeneasca 28/1, office 1, Chisinau MD-2012, Republic of Moldova, Europe
Managing Directors: Ieva Konstantinova, Victoria Ursu
info@omniscriptum.com

Printed at: see last page
ISBN: 978-620-8-57157-3

PREFÁCIO :

As algas, os organismos fascinantes que povoam os nossos mares e rios, foram durante muito tempo subestimadas, apesar do seu imenso potencial. Em "**ALGAS: DO MICRO AO MACRO - BIODIVERSIDADE, INOVAÇÕES E APLICAÇÕES SUSTENTÁVEIS NA INDÚSTRIA**", analisamos em profundidade o mundo das algas, desde a sua incrível diversidade até ao seu potencial de inovação e aplicações sustentáveis.

Este livro nasceu da paixão por estes organismos únicos e da convicção de que o seu conhecimento profundo e a sua exploração responsável podem desempenhar um papel crucial no desenvolvimento sustentável. Ao oferecer uma visão abrangente, pretendemos esclarecer os leitores sobre os aspectos fundamentais das algas, a sua classificação e as suas utilizações em vários sectores.

A introdução geral introduz o tema, apresentando as algas como actores-chave na biodiversidade e na inovação industrial. Estabelece as bases para o debate, destacando a sua importância ecológica e económica.

Capítulo 1: Informações gerais sobre as algas fornece uma visão geral destes organismos, da sua biologia e do seu papel nos ecossistemas. Este capítulo foi concebido para fornecer uma base sólida para as discussões mais específicas que se seguem.

Capítulo 2: Microalgas; centra-se nestas formas microscópicas, muitas vezes invisíveis a olho nu, mas com um potencial excecional em termos de biotecnologia, nutrição e tratamento de águas. Exploramos as suas caraterísticas, as suas aplicações e os desafios associados ao seu cultivo.

Capítulo 3: Macroalgas; aborda as algas maiores e mais visíveis, como as algas marinhas e as algas vermelhas. Discute-se a sua biodiversidade, as suas utilizações tradicionais e modernas e o seu impacto nas indústrias alimentar e farmacêutica.

Capítulo 4: Inovações no cultivo de algas; explora os recentes avanços nas técnicas de cultivo de algas, incluindo novos métodos que prometem transformar a sua produção e utilização. Este capítulo destaca as principais inovações que abrem novas oportunidades para o sector.

Finalmente, o Capítulo 5: Análises e Perspectivas; oferece uma reflexão sobre as tendências futuras e os desafios a superar. Analisamos o impacto das algas na indústria e no ambiente, e discutimos as oportunidades e os desafios associados à sua utilização sustentável.

Este livro destina-se a um vasto público, desde investigadores e profissionais a estudantes e entusiastas do ambiente. Esperamos que contribua para uma melhor compreensão das algas e para uma utilização mais responsável do seu potencial.

Convidamo-lo a mergulhar no fascinante mundo das algas, a descobrir a sua notável biodiversidade e a explorar as inovações que estão a moldar o seu futuro na indústria.

Microalgas naturais nas costas do Djibuti.

ALGAS: DO MICRO AO MACRO - BIODIVERSIDADE, INOVAÇÃO E APLICAÇÕES SUSTENTÁVEIS NA INDÚSTRIA

Autores :

Dra. Fatouma Mohamed Abdoul-Latif

Dr. Ayoub Ainane

Dr. Tarik Ainane

CONTEÚDO :

INTRODUÇÃO GERAL

As algas são muito menos conhecidas do que as plantas terrestres e são consideravelmente mais complexas de compreender. Vivem principalmente em ambientes aquáticos, marinhos e subaquáticos e formam um grupo extremamente diversificado de organismos, o que torna difícil apresentá-los de uma forma uniforme. Muitas, na verdade a grande maioria, são unicelulares (microalgas), exigindo técnicas microscópicas sofisticadas para as identificar. Do ponto de vista sistemático, as algas são também muito variadas, reflectindo a sua longa história genética. Não formam um grupo homogéneo entre as plantas, mas dividem-se em várias linhagens evolutivas independentes. No caso das algas marinhas, existem três vias evolutivas principais: a linhagem castanha-amarela com as algas castanhas, a linhagem vermelha com as algas vermelhas e a linhagem verde com as algas verdes, os musgos, os fetos e as plantas com flores. Apesar das semelhanças morfológicas, existem mais diferenças genéticas entre uma alga castanha como a *Fucus* (alga marinha) e uma alga verde do género *Ulva* (alface-do-mar) do que entre esta última e um carvalho. Esta grande heterogeneidade explica a riqueza e a diversidade bioquímica das algas marinhas, razão pela qual são exploradas.

Mas quantas espécies de algas existem? A resposta é complexa, sobretudo para as algas unicelulares, dado o elevado número de espécies, a sua diversidade pouco conhecida e o facto de o seu recenseamento e classificação estarem em constante evolução. A base de dados internacional Algae Base contém cerca de 127.000 nomes de espécies, a maioria das quais são microalgas. Estima-se que existam cerca de 9.000 espécies de macroalgas, das quais 1.500 vivem nos mares europeus, enquanto o número total de microalgas varia, consoante as estimativas, entre 100.000 e vários milhões.

O desenvolvimento deste imenso recurso está ainda a dar os primeiros passos. Embora certas macroalgas sejam exploradas desde a antiguidade na maioria dos países marítimos, nomeadamente no Extremo Oriente, a sua exploração à escala mundial continua a ser marginal em comparação com a produção vegetal terrestre: 15 milhões de toneladas de macroalgas (das quais 13,5 milhões de toneladas são cultivadas) e 7 a 10 000 toneladas de microalgas (cerca de 100% cultivadas), contra 4 mil milhões de toneladas de produção agrícola. A França e a Europa estão atrasadas em relação aos países asiáticos, que desenvolveram técnicas de produção que lhes permitem satisfazer as suas enormes necessidades, nomeadamente em termos de consumo alimentar, e exportar matérias-primas à escala mundial. Em França, e em particular na Bretanha, existe um vasto know-how em matéria de produção aquícola, de transformação e de formulação, que permite exportar cada vez mais produtos.

Atualmente, as microalgas representam apenas 10 000 toneladas por ano de culturas controladas, isto é, excluindo as microalgas utilizadas no tratamento de águas residuais. Em comparação com os recursos potenciais disponíveis em França, este baixo nível de exploração deve-se principalmente à falta de maturidade industrial num sector que ainda está a dar os primeiros passos. No entanto, desempenham um papel importante na indústria alimentar, fornecendo agentes gelificantes como as carrageninas e os alginatos, que não têm equivalente terrestre. A sua utilização na cosmética e na química está também em plena expansão, o que revela um relançamento do seu desenvolvimento industrial. As microalgas, utilizadas desde há muito como fonte de alimentação no Chade e na América Latina (a Spirulina é, de facto, uma cianobactéria frequentemente assimilada a uma microalga), só há algumas décadas são cultivadas e exploradas industrialmente. O seu desenvolvimento foi paralelo ao da aquicultura de peixes e moluscos bivalves, sendo a sua principal utilização a alimentação das larvas de aquicultura. São também cultivadas para produzir beta-caroteno e várias outras moléculas de interesse para o consumo humano, cosméticos e produtos farmacêuticos. A sua utilização para fins energéticos só foi considerada nos anos 80, após a primeira crise petrolífera, e só recentemente voltou a atrair a atenção da investigação e da indústria como fonte potencial de biocombustível, nomeadamente para a aviação. A quantidade de lípidos que contêm torna-os ideais para este tipo de utilização, enquanto o seu elevado teor de proteínas e de ácidos gordos polinsaturados (ómega 3) os torna bons candidatos para a alimentação da aquacultura. No entanto, o grande desafio continua a ser a sua exploração em grande escala, para que possam desempenhar um papel significativo no mercado mundial nos próximos anos. É aqui que entra o trabalho em curso, e este relatório tem como objetivo proporcionar uma melhor compreensão dos desafios e das questões a ultrapassar. Em termos de cadeias de produção, as macroalgas e as microalgas diferem em vários aspectos, conduzindo a cadeias de produção significativamente diferentes e, em menor grau, a cadeias de valor acrescentado diferentes. Essas diferenças dizem respeito aos métodos de cultivo, essencialmente em ambientes marinhos naturais para as macroalgas e em tanques ou fotobiorreactores para as microalgas; às técnicas de colheita, que são fáceis e semelhantes à pesca para as macroalgas, mas tecnicamente difíceis e semelhantes às técnicas de biotecnologia industrial para as microalgas; e à transformação, que é tradicional e semelhante à agroalimentar para as macroalgas, mas requer técnicas avançadas de biorrefinação para as microalgas. O mesmo se aplica aos mercados de cada sector, que são intrinsecamente diferentes.

Em resposta a esta disparidade, optámos por tratar estes dois grandes sectores em capítulos separados sobre o estado da arte, agrupando-os apenas para discutir as áreas de investigação prioritárias a criar a nível nacional e alinhando-os numa cadeia de valor comum para a sua exploração.

CAPÍTULO 1: INFORMAÇÕES GERAIS SOBRE AS ALGAS

1. O estado atual da indústria das algas a nível mundial :

1.1 As algas no centro da vida: da riqueza de uma biodiversidade excecional à existência de substâncias naturais originais úteis ao homem :

Ao discutir microalgas e macroalgas neste livro, é essencial lembrar que estes dois termos fazem parte de um conceito mais geral: o de "algas". As algas não são um grupo evolutivo único, mas uma série de organismos pertencentes a grupos filogenéticos muito diversos. As algas constituem um vasto conjunto artificial de organismos filogeneticamente distantes, dando origem a uma disciplina específica: a ficologia.

A abordagem das algas como um todo não é uma tarefa fácil. Por exemplo, a fisiologia, a bioquímica e a biologia molecular revelam que os grupos de algas, aparentemente muito homogéneos em termos de morfologia, não têm necessariamente uma relação evolutiva estreita. As macroalgas vermelhas, por exemplo, estão mais estreitamente relacionadas com as microalgas do que com as macroalgas verdes.

Apesar desta complexidade, é possível tentar definir as algas. As algas podem ser consideradas como organismos geralmente encontrados em zonas húmidas (águas marinhas, águas salobras ou águas doces), maioritariamente fotossintéticos e possuidores de clorofila a. As algas ocupam, portanto, nichos ecológicos específicos, permitindo o acesso à luz, embora algumas possam passar por uma fase não fotossintética durante o seu ciclo de vida. No meio marinho, que alberga uma grande parte das algas, estas encontram-se principalmente na zona fótica, limitada a uma profundidade de 100 metros ou mesmo menos, consoante a turvação da água. As algas estão assim limitadas à orla costeira, no caso das que se encontram fixas ao substrato (macroalgas), e à camada fótica em águas abertas (microalgas). As algas desempenham um papel crucial na biosfera, contribuindo para manter o seu equilíbrio enquanto biomassa vegetal. Isto é particularmente verdadeiro nas zonas costeiras, ricas em sais nutritivos, onde se formam "blooms" de fitoplâncton, bem como nos vastos "campos" de macroalgas que se encontram ao longo da costa bretã. Nas zonas oceânicas, a riqueza do plâncton vegetal depende da ressurgência de águas profundas ricas em nutrientes.

As algas apresentam também uma grande diversidade morfológica, que se manifesta através de diferentes níveis de organização (unicelulares e multicelulares) e de tamanhos variáveis: de 1 a 100 microns para as células do fitoplâncton a vários metros para certas macroalgas. Esta diversidade reflecte-se também nos modos de reprodução sexual e nas diferentes formas de propagação vegetativa.

1.2 As algas e as vias metabólicas: metabolismos primário e secundário :

Qualquer que seja a diversidade das algas, a maioria partilha uma caraterística universal: a fotossíntese. Um organismo fotossintético actua como um conversor de energia luminosa em energia química, sendo esta reação catalisada por pigmentos fotossintéticos. A energia química é armazenada sob a forma de polissacáridos, que podem depois ser utilizados como compostos de reserva ou de suporte. O estudo bioquímico dos pigmentos e dos polissacáridos de reserva e de suporte é comum a todas as algas, sendo por vezes utilizado como critério simplificado de classificação. Observou-se que as substâncias essenciais à vida são metabolizadas por todos os organismos microalgais e macroalgais, um processo conhecido como metabolismo primário. Estes metabolitos primários revelam a unidade do mundo vivo; por exemplo, a fucoxantina é o principal pigmento comum às microalgas diatomáceas e às algas castanhas macrófitas. É de notar que as caraterísticas específicas do meio marinho conduzem, por vezes, à existência de metabolitos primários originais que são amplamente explorados, como os polissacáridos polianiónicos das macroalgas.

As algas vivem e desenvolvem-se graças a um conjunto complexo de reacções bioquímicas, algumas das quais conduzem à síntese de metabolitos que não são essenciais à sua sobrevivência, os chamados metabolitos secundários, que apresentam uma riqueza notável em termos de famílias de moléculas químicas. Estes metabolitos secundários reflectem a diversidade do mundo vivo. Nas algas, por exemplo, existe uma correlação direta entre a percentagem de metabolitos secundários azotados e o grau de evolução das algas. Ao contrário dos dinoflagelados, as diatomáceas muito raramente contêm toxinas activas nos organismos vivos.

O ácido domóico é um caso interessante, sendo um dos raros metabolitos secundários azotados encontrados em diatomáceas como a *Pseudonitzchia*, e também presente na alga vermelha macrófita *Chondria armata*. Este composto é utilizado em farmacologia para estudar doenças degenerativas do sistema nervoso central.

Todas estas observações sobre o metabolismo das algas levam-nos a concluir que as abordagens experimentais utilizadas para estudar as moléculas extraídas das algas são semelhantes. Todas as famílias de compostos químicos atualmente conhecidas no mundo vivo estão representadas nas algas, com estruturas inteiramente originais, sem qualquer equivalente terrestre conhecido até à data.

Este texto destaca os pontos de convergência que ligam as microalgas e as macroalgas, nomeadamente em termos de abordagens científicas e de domínios de investigação fundamental. O desenvolvimento recente da química das substâncias marinhas naturais foi acompanhado de esforços de desenvolvimento de biotecnologias marinhas aplicadas às algas. Por exemplo, a cultura de microplantas de certas algas macrófitas vermelhas em fotobiorreactores deverá permitir a produção de compostos terpénicos halogenados. A tecnologia desenvolvida para as microalgas pode ser transposta para as biotecnologias aplicadas às macroalgas. Diversos organismos de investigação, entre os quais o CNRS, o INRA e o IFREMER, bem como várias universidades, participam neste esforço de agrupamento através de várias acções federativas, como a criação do GDR Biochimar e a resposta a convites à apresentação de projectos no âmbito de futuros investimentos (IDEALG, IEED GREEN STARS).

No contexto deste livro, esta sinergia é particularmente relevante para explorar os campos de aplicação e os mercados potenciais para moléculas activas derivadas de algas, oferecendo uma oportunidade para desenvolver uma perspetiva económica e comercial comum.

1.3 Introdução às algas :

As algas estão na origem da vida na Terra, uma evolução marcada pelo aparecimento de bactérias com pigmentos de clorofila que iniciaram a fotossíntese, libertando o oxigénio necessário para o desenvolvimento de outras formas de vida. Deste ancestral

comum surgiram as algas azuis, castanhas, vermelhas e verdes, sendo estas últimas as únicas que deram origem às plantas superiores.
Algumas algas, tendo perdido os seus pigmentos, deram origem a organismos que atualmente são classificados como fungos. O termo "algas" esconde uma grande variedade de organismos que podem ser divididos em dois grupos principais.

- ✓ **Microalgas**: As microalgas, das quais existem mais de um milhão de espécies, são constituídas por uma ou mais células e medem geralmente algumas dezenas de microns. Algumas flutuam ou nadam com flagelos, enquanto outras, sem flagelos, se fixam em diversos substratos. O seu biótopo é extremamente variado e, por vezes, insuspeito, como o ilustram as algas unicelulares vermelhas microscópicas que dão cor aos flamingos cor-de-rosa. O fitoplâncton, constituído por microalgas, desempenha um papel crucial na produção primária das cadeias alimentares oceânicas.

- ✓ **Macroalgas**: As macroalgas, das quais existem mais de 30.000 espécies, têm um aparelho vegetativo chamado talo, constituído por células pouco diferenciadas. O talo pode incluir um sistema de fixação (cãibra), um pedúnculo (estipe) e uma lâmina (fronde) de várias formas. As macroalgas podem atingir tamanhos que vão de alguns centímetros a mais de 40 metros, como é o caso da alga (Macrocystis).

1.4 Diversidade e distribuição das algas :

É importante notar que nem todas as algas são plantas marinhas; também se encontram na água doce, no ar, na terra e até no gelo. Além disso, nem todas as plantas marinhas são algas, como é o caso da posidónia, que produz mais oxigénio do que uma floresta com a mesma superfície e flores, o que a distingue das algas.

1.5 Fotossíntese e pigmentação :

As algas não têm raízes para absorver nutrientes; filtram a água do mar e captam CO_2, que, na presença de luz, permite a produção de hidratos de carbono $(CH_2O)n$ com libertação de O_2. Embora respirem capturando O_2 dissolvido na água e libertando CO_2, produzem mais O_2 do que consomem.

Para a fotossíntese, as algas utilizam pigmentos como a clorofila a, presente em todas as plantas clorofiladas, e a clorofila b, específica das plantas verdes. Estes pigmentos absorvem a luz e transferem a energia captada para as clorofilas a e b, que actuam como receptores finais.

1.6 Adaptação das algas à luz :

As algas azuis-verdes possuem pigmentos específicos, como a ficocianina, que as tornam intolerantes à luz solar, o que explica a sua incapacidade de sair do meio aquático, com exceção dos líquenes. As algas vermelhas, que também são intolerantes à luz solar, desenvolvem-se em profundidade ou sob as algas castanhas, o que limita a sua expansão fora do meio aquático. As algas verdes, por outro lado, não necessitam de pigmentos adicionais e adaptaram-se à luz intensa, tendo abandonado o meio aquático há cerca de 600 milhões de anos. As algas castanhas, caracterizadas por pigmentos castanhos-amarelos como a fucoxantina, desenvolveram-se a nível médio e supralitoral, mas apesar de uma tentativa de se estabelecerem em terra há 200 milhões de anos, permaneceram aquáticas.

1.7 Como é que as algas se distinguem das outras plantas?

A distinção entre algas e outras plantas tem evoluído ao longo do tempo e nenhuma definição universal foi adoptada por todos os especialistas.

- **Distinção no século XIX: Talófitos vs. Cormófitos :**

No século XIX, existia uma antiga distinção entre talófitos e cormófitos no reino vegetal. As algas eram definidas como talófitas clorofiladas, ou seja, plantas

clorofiladas sem raízes, caules ou folhas, por oposição a outras plantas com um cormo, que incluía pelo menos raízes, no caso dos musgos e fetos, e caules e folhas, no caso das fanerogâmicas. Esta classificação baseava-se na diferenciação morfológica, mas tinha as suas limitações, nomeadamente no caso de algas como as characeae, que não estavam claramente relacionadas com as talófitas.
Além disso, esta definição era demasiado ampla, pois incluía também plantas como os musgos, que têm raízes rudimentares. Para resolver este problema, estas plantas foram então classificadas como criptógamas não vasculares, por oposição às criptógamas vasculares.

- **Desenvolvimentos do século XX: Classificação com base nos órgãos reprodutores:**

No século XX, a evolução da sistemática vegetal, possibilitada pela utilização do microscópio, conduziu a uma nova classificação baseada na natureza dos órgãos reprodutores. Embora menos prática, esta classificação é mais rigorosa. O reino vegetal divide-se atualmente em dois grupos: as plantas com gametocistos e as plantas com gametângios.

2. Gametocistos e gametângios :

No caso dos gametocistos, o invólucro da célula-mãe torna-se o invólucro do gametocisto, e todo o conteúdo da célula-mãe é transformado em gâmetas. No caso dos gametângios, por outro lado, parte do conteúdo da célula-mãe dá origem a gâmetas, enquanto a outra parte forma o invólucro do gametângio, que é então multicelular.

3. Biologia das algas :

As algas, ou ficofitos (do grego *phukos* = alga; *phuton* = planta), são talófitos clorofilados, ou seja, organismos capazes de efetuar fotossíntese e, portanto, autotróficos. Tipicamente aquáticas, constituem o primeiro elo da cadeia alimentar, pois são os produtores quase exclusivos dos mares e oceanos, que cobrem 7/10 da superfície terrestre. Embora se encontrem principalmente no mar, as algas também podem ser encontradas na água doce (lagos, lagoas, riachos) e, mais raramente, no ar. A fotossíntese nas algas depende da luz, mas esta é rapidamente absorvida pela água, tornando a luz insuficiente a uma profundidade de apenas alguns metros para compensar as perdas devidas à respiração.

Por esta razão, as algas estão limitadas no meio aquático a uma zona superficial que não ultrapassa geralmente os 40 a 60 metros de profundidade. Para além disso, não existem produtores no meio marinho.

Existem dois grandes grupos de populações de algas. O primeiro é constituído por espécies que flutuam ou nadam em águas abertas, geralmente microscópicas e muitas vezes unicelulares, que constituem a parte vegetal e produtiva do plâncton e do fitoplâncton (do grego *plankton* = errante). = O segundo grupo, designado por fitobentos (do grego *benthos* = profundidade), é constituído por todos os organismos aquáticos que vivem no fundo das massas de água marinhas, lacustres ou fluviais.

As algas distinguem-se pelas suas cores variadas, devido à presença de pigmentos que mascaram a clorofila em maior ou menor grau. Esta caraterística permite subdividir as algas em três grandes linhagens distintas do ponto de vista bioquímico, estrutural e funcional: as algas verdes, as algas castanhas e as algas vermelhas. Cada linhagem compreende espécies unicelulares, frequentemente consideradas primitivas, e espécies multicelulares de complexidade crescente, marcadas por uma divisão do trabalho fisiológico cada vez mais acentuada. O exame destas plantas revela uma grande plasticidade e testemunha numerosos ensaios evolutivos, que resultaram numa grande diversidade de planos de organização e de modos de reprodução, dando origem a ciclos de desenvolvimento variados.

O estudo das algas é de particular interesse devido às pistas que fornecem sobre as etapas que marcam a progressão das formas de vida. Dados recentes de biologia molecular indicam que as algas estão na origem de todos os grupos de plantas actuais, provavelmente através de uma endossimbiose de uma cianobactéria (procariota clorofilado) que evoluiu como plastídeo numa célula eucariótica arcaica. Este antepassado comum está na origem das algas vermelhas e verdes, tendo a última dado origem às embriófitas.

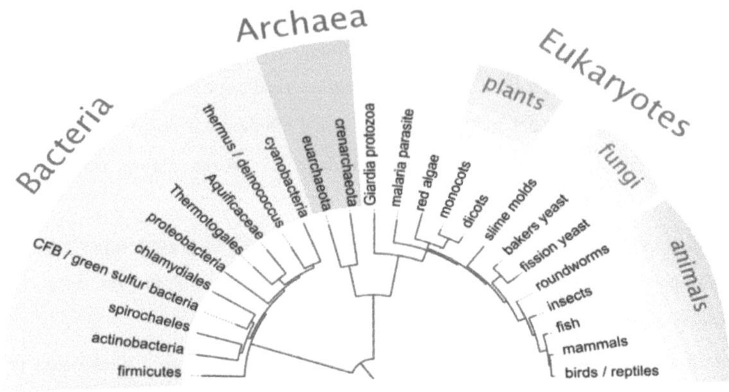

Figura 1: Classificação filogenética simplificada do mundo vivo com base no genoma

4. Fisiologia das algas :

A perda de cor debaixo de água deve-se principalmente à absorção selectiva da luz. As algas, que efectuam a fotossíntese, absorvem a luz do seu ambiente, quer seja água salgada ou doce. Quando a luz penetra na água, sofre grandes alterações. As radiações de ondas longas, como o vermelho, são absorvidas em primeiro lugar, enquanto as radiações de ondas mais curtas, como o azul e o verde, penetram mais profundamente. A água do mar actua como um filtro, absorvendo gradualmente a radiação luminosa por ordem decrescente de comprimento de onda, de 700 nm a 400 nm no espetro visível. A radiação vermelha desaparece completamente a uma profundidade de cerca de 10 metros. À medida que se aprofunda, as outras radiações são igualmente absorvidas, restando apenas as radiações verdes e azuis, e apenas em pequenas quantidades, a cerca de 75 a 100 metros de profundidade. Este fenómeno explica porque é que certas cores se desvanecem rapidamente debaixo de água e porque é que as algas se limitam a zonas pouco profundas onde a luz, embora filtrada, continua a ser suficientemente intensa para permitir a fotossíntese.

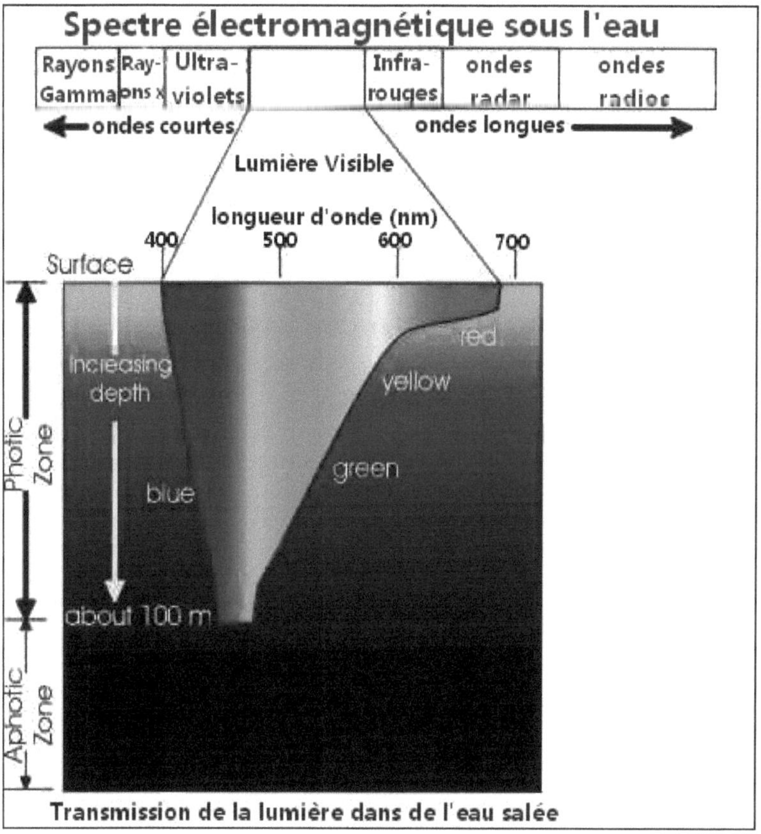

Figura 2: Absorção de diferentes comprimentos de onda do espetro luminoso em água salgada

5. Absorção selectiva da luz subaquática :

A luz visível, ou luz branca, é constituída por um espetro de cores que vai do violeta ao vermelho, organizadas por ordem crescente de comprimento de onda. Debaixo de água, a intensidade da luz diminui rápida e exponencialmente, consoante o comprimento de onda de cada componente. Este fenómeno, designado por absorção

selectiva, é causado pelas vibrações e deformações das moléculas de água excitadas pela absorção da luz.
Os comprimentos de onda mais elevados, como o vermelho, são mais fortemente absorvidos, dependendo os valores exactos da transparência da água, influenciada por elementos como os sedimentos e o plâncton. O vermelho, que é o mais afetado, perde 1/3 da sua intensidade após um metro e desaparece quase completamente após percorrer 4 a 5 metros debaixo de água. A figura em anexo ilustra a importância relativa das diferentes cores na água do Mediterrâneo, mostrando a distância de extinção "efectiva" de uma cor em função do seu comprimento de onda. No caso da luz solar, a distância percorrida está geralmente relacionada com a profundidade, o que explica a gradação costeira das algas em função da cor.

6. Absorção de luz pelas algas :

As algas dependem da luz para o seu desenvolvimento e reprodução, fotossintetizando através de pigmentos nos seus cloroplastos. Estes pigmentos permitem-lhes absorver a luz, que utilizam para produzir oxigénio e transformar a energia luminosa em matéria, como a sacarose, que forma as paredes das algas.
As diferentes algas distribuem-se em profundidade de acordo com a "cor" da luz (ou comprimento de onda) que absorvem, graças ao seu equipamento pigmentar específico. Uma alga absorve a cor complementar da sua própria cor: uma alga vermelha absorve os raios verdes, enquanto uma alga verde absorve os raios vermelhos. Cada tipo de alga tem pigmentos diferentes que lhe permitem absorver comprimentos de onda específicos:

- ✓ **Algas verdes**: Contêm clorofila a e b, bem como carotenóides. Absorvem principalmente comprimentos de onda azuis (400 a 500 nm) e vermelhos (cerca de 650 nm), com uma absorção máxima próxima das 100 unidades arbitrárias (UA). Absorvem muito pouco o verde.

- ✓ **Algas castanhas**: Contêm clorofila a e c, bem como carotenóides como a fucoxantina, o que lhes permite absorver principalmente os azuis e os verdes.

- ✓ **Algas vermelhas**: Contêm clorofila a e d, carotenóides e pigmentos específicos como a ficoeritrina e a ficocianina. Absorvem fortemente nos comprimentos de onda azul e verde (450 a 600 nm), com absorção máxima perto de 100 UA. Também absorvem nos vermelhos, mas de forma menos eficaz (cerca de 50 UA para comprimentos de onda superiores a 600 nm).

As cianobactérias, também conhecidas por cianofíceas ou algas azuis-verdes (nomes anteriores), são bactérias fotossintéticas que, tal como as plantas, utilizam a energia solar para sintetizar as suas moléculas orgânicas. Para captar esta luz, utilizam vários pigmentos, entre os quais as ficocianinas (de cor azul-esverdeada) e a clorofila.

Estes organismos desenvolveram um conjunto de estratégias que lhes permitiram colonizar vários ecossistemas, dando-lhes uma vantagem sobre as algas em determinadas condições favoráveis e permitindo-lhes persistir no ambiente. As cianobactérias caracterizam-se pela sua capacidade de adaptação a um vasto leque de condições ambientais, desenvolvendo-se particularmente bem em ambientes extremos. Por isso, não é surpreendente que tenham sido dos primeiros microrganismos a colonizar a Terra e que continuem a ser altamente competitivas, ou mesmo dominantes, em certos ambientes.

Uma das principais vantagens das cianobactérias é a sua pigmentação diversificada, que lhes confere uma elevada eficiência fotossintética. São capazes de manter uma elevada taxa de crescimento, mesmo com baixos níveis de luz. São sobretudo as ficobiliproteínas, como a ficocianina na água doce, que conferem às cianobactérias esta vantagem em relação às algas do fitoplâncton, que utilizam principalmente a clorofila a. Estes pigmentos permitem-lhes explorar uma gama mais vasta de comprimentos de onda da radiação solar.

Além disso, as cianobactérias desenvolveram várias estratégias de proteção contra a radiação ultravioleta (UV) e a radiação excessiva, o que lhes permite sobreviver e prosperar em condições de luz intensa ou em ambientes expostos a níveis elevados de radiação UV. Estas capacidades de adaptação e resistência explicam em parte o seu sucesso evolutivo e a sua presença dominante em muitos ecossistemas actuais.

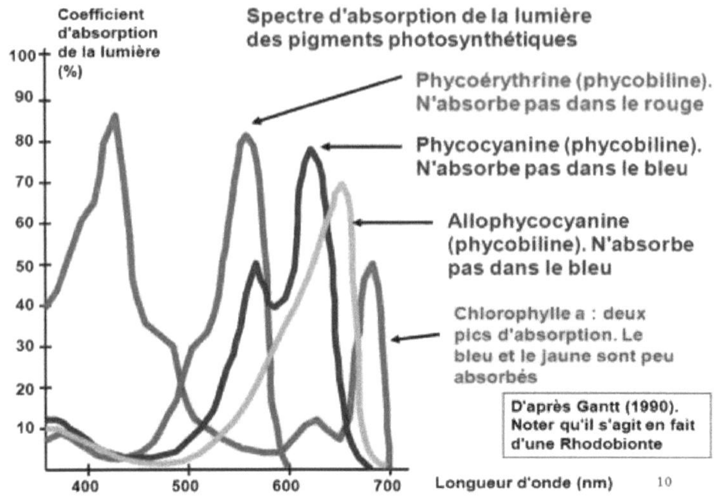

Figura 3: Espectro de absorção da luz dos pigmentos fotossintéticos

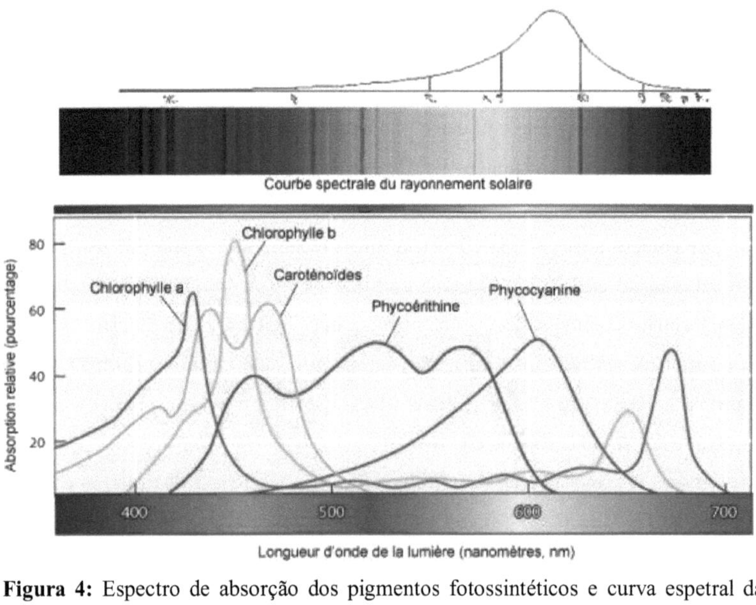

Figura 4: Espectro de absorção dos pigmentos fotossintéticos e curva espetral da radiação solar

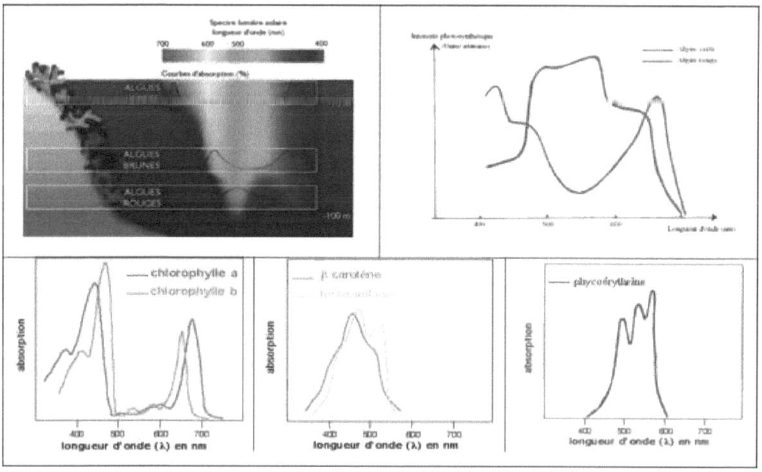

Figura 5: Espectros de absorção e de ação dos pigmentos fotossintéticos em função da profundidade da água

7. Ecologia das algas :

Do ponto de vista ecológico, as algas são o primeiro elo da cadeia alimentar, sendo os produtores primários quase exclusivos dos mares e oceanos, que cobrem 7/10 da superfície terrestre. Estão também presentes na água doce, nomeadamente em lagos, lagoas e cursos de água. O fitoplâncton, que forma a maior parte da biomassa nestes ambientes, desempenha um papel crucial, sendo responsável pela maior parte da produção de oxigénio e absorção de dióxido de carbono do planeta, através da fotossíntese.

8. Algas marinhas a espalharem-se na costa :

A distribuição das algas no litoral é influenciada pelo limite de humedecimento pela maresia ou pelas ondas, mas depende principalmente da luz (ver secção sobre a fisiologia). Esta distribuição é também afetada pela hidrodinâmica da zona, ou seja, se a zona está ou não abrigada das ondas. Esta distribuição vertical das algas é designada por "tiering".

- ✓ **A zona supralitoral**: Situada na interface entre o mar e a terra, esta zona nunca está submersa, mas recebe os salpicos do mar. As condições de vida são muito difíceis, o que faz com que esta zona se reduza frequentemente a uma faixa estreita colonizada principalmente por espécies incrustantes, como certos líquenes.
- ✓ **Zona mediolitoral**: Correspondendo à zona de oscilação das marés e das ondas, esta zona limita-se a algumas dezenas de centímetros no Mediterrâneo. Os organismos que aqui vivem devem ser capazes de resistir a uma alternância de imersão e emersão.
- ✓ **A zona infralitoral**: Sempre submersa, esta zona representa a biodiversidade máxima do meio marinho. A diversidade dos substratos, quer sejam moles ou duros, influencia a distribuição das espécies, que variam consoante o tipo de substrato presente.

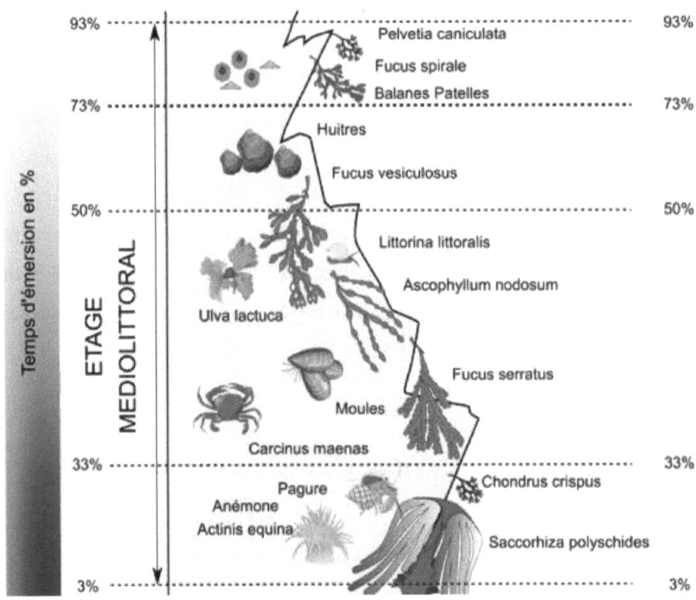

Figura 6: Distribuição das algas ao longo da costa atlântica

Figura 7: Camadas de algas no infralitoral do mar Mediterrâneo

9. Distribuição das macroalgas

A distribuição geográfica e batimétrica das macroalgas é influenciada por vários factores.

- ✓ **Luz**: A luz desempenha um papel crucial no desenvolvimento das macroalgas, variando de acordo com a profundidade e a turvação da água. As algas não são encontradas para além de uma profundidade de 50 a 70 metros, tornando-se raras para além dos 30 metros. A sua distribuição é, portanto, limitada a menos de 1% da superfície oceânica. As algas fotófilas, que necessitam de muita luz, desenvolvem-se perto da superfície, enquanto as algas ciáfilas, que necessitam de menos luz, desenvolvem-se em profundidade, debaixo de saliências ou entre outras algas. A presença de pigmentos específicos nas algas castanhas e vermelhas permite-lhes sobreviver a maiores profundidades do que as algas verdes, absorvendo ondas azuis ou violetas que já não podem ser utilizadas pela clorofila para a fotossíntese.
- ✓ **Temperatura**: A temperatura, tanto acima como abaixo da superfície da água, é também um fator determinante na distribuição das macroalgas, embora a inércia térmica da água atenue as variações diárias e sazonais, especialmente no caso das algas de profundidade.
- ✓ **Natureza do substrato**: A natureza do substrato é outro fator essencial. Embora as algas obtenham os seus nutrientes da água do mar e não do solo, a

textura do substrato desempenha um papel crucial, uma vez que as algas só se desenvolvem em substratos duros.

- ✓ **Agitação** da água: A agitação da água influencia a morfologia dos talos de uma mesma espécie, consoante se encontrem em ambientes abrigados ou expostos às ondas.
- ✓ **Secagem**: A secagem, ligada à duração da emersão e ao nível de implantação na orla marítima, determina a capacidade de retenção de água das algas.
- ✓ **Salinidade**: A salinidade sofre grandes flutuações durante as marés baixas, devido à evaporação, ao vento, à temperatura e à precipitação, afectando particularmente as algas situadas no topo do litoral ou em bacias rochosas, que se dizem eurihalinas devido à sua resistência a estas variações.

- ✓ **Distribuição das algas**: Todos estes factores conduzem a uma distribuição das algas em faixas horizontais, formando cinturas distintas. No entanto, as águas oceânicas, devido à ausência de água de afloramento rica em sais minerais, tornam-se verdadeiros desertos.
- ✓ **Temperatura e fitoplâncton**: Tal como em terra, os processos biológicos marinhos ocorrem mais rapidamente a temperaturas mais elevadas. A quantidade de fitoplâncton na água depende, portanto, da latitude e da estação do ano. No entanto, nas regiões tropicais e subtropicais, a diferença de temperatura entre a água do fundo e a água da superfície cria uma barreira que retém os sais minerais no fundo, tornando-os inacessíveis às microalgas, o que explica o baixo teor de fitoplâncton das águas tropicais. Em condições ideais, o fitoplâncton pode duplicar a sua biomassa, mas estas condições continuam a ser limitadas.

10.A reprodução das algas :

A forma como as algas se reproduzem e os elementos envolvidos evoluíram consideravelmente nos últimos dois mil milhões de anos, tornando este assunto um aspeto crucial do estudo da evolução dos organismos.

- **Reprodução sexual :**

A reprodução sexual nas algas envolve células especializadas chamadas gâmetas. Estas células sexuais são haplóides, o que significa que têm apenas uma cópia do seu material genético. Quando dois gâmetas de indivíduos de sexos diferentes se encontram e se fundem, formam um ovo ou zigoto. Este torna-se então uma célula diploide, contendo duas cópias de material genético: uma do gâmeta feminino e outra do gâmeta masculino. Por divisão sucessiva, esta célula dará origem a um novo organismo com metade da informação genética de cada um dos progenitores.

Inicialmente, os gâmetas eram morfologicamente idênticos (isogamia), mas com o tempo as células sexuais "femininas" diferenciaram-se (anisogamia). Estas últimas acumularam reservas, tornando-se maiores do que os gâmetas masculinos. Ao mesmo tempo, os órgãos reprodutores, ou gametocistos, especializaram-se. Inicialmente, este órgão era simplesmente uma parede da célula-mãe que, por divisão, formava os gâmetas.

Este facto permitiu distinguir o oocisto (órgão reprodutor feminino) do espermatocisto (órgão reprodutor masculino). O gâmeta feminino permanece então no oocisto e atrai os gâmetas masculinos através de uma expansão chamada trichogyne, um processo conhecido como tricogamia.

11. Os ciclos de reprodução das algas :

As algas têm três ciclos reprodutivos distintos:

- ✓ **Ciclos monogenéticos**: Cada talo é unissexual e haploide, produzindo um único tipo de gâmeta. O encontro de gâmetas de sexos diferentes dá origem a um zigoto diploide que se desenvolve num talo, masculino ou feminino.
- ✓ **Ciclos digenéticos**: O ovo diploide desenvolve-se num talo chamado meiosporófito, que produz esporos femininos e masculinos. Estes esporos desenvolvem-se num talo haploide unissexual (gametófito) que produz gâmetas. A ulva é um exemplo deste ciclo.
- ✓ **Ciclos trigénicos**: O zigoto diploide desenvolve-se num carposporófito, geralmente ligado como um parasita ao gametófito feminino, que dá origem a

carposporos que se desenvolvem em meiosporófitos. Em todos estes ciclos, predomina a fase haploide do gametófito.

As Characeae, em particular *a Chara foetida*, representam um grupo fulcral com as Briófitas (musgos), onde podemos ver os primórdios dos gametângios e da oosfera ou arquegónia.

12.O ciclo de vida das algas

O ciclo de vida das algas desenrola-se geralmente em duas fases, cada uma caracterizada por uma forma distinta. Estas duas formas apresentam diferenças morfológicas mais ou menos acentuadas. A forma esporófita produz esporos na maturidade, que são libertados no ambiente e se dispersam. Depois de se fixarem ao substrato, os esporos germinam para dar origem a um novo organismo chamado gametófito, que produz células reprodutoras.

Os órgãos masculinos e femininos podem encontrar-se no mesmo talo ou em indivíduos diferentes. A união de um gâmeta masculino e de um gâmeta feminino forma um ovo que, após germinação, dá origem a um novo esporófito. O ciclo de vida das algas caracteriza-se, portanto, pela alternância de uma fase sexual (gametófito) e uma fase assexual (esporófito). No entanto, consoante a espécie de alga, este ciclo pode assumir muitas formas diferentes.

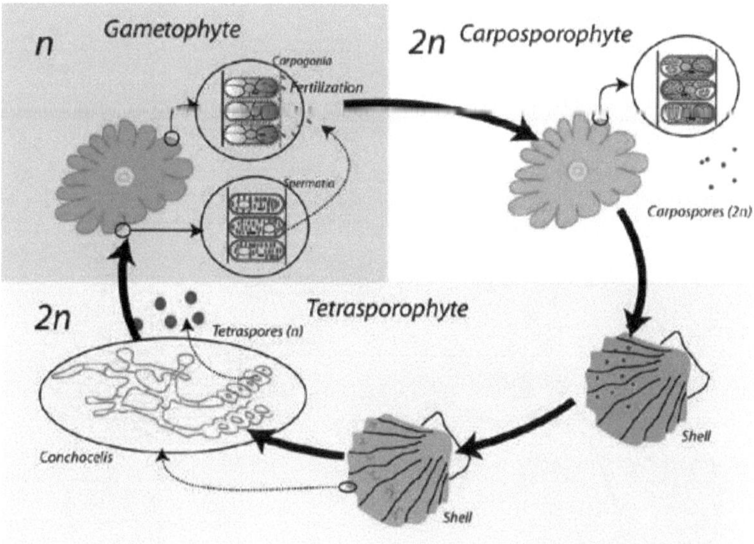

Figura 8: Ciclo de *Porphyra umbilicalis* (Rhodophyceae): trigénico ou 3 gerações

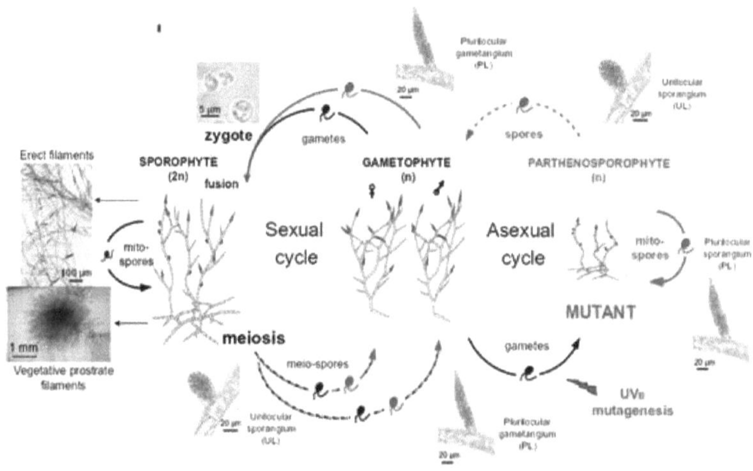

Figura 9: Reprodução sexuada e assexuada em *Ectocarpus siliculosus* (Phaeophycea)

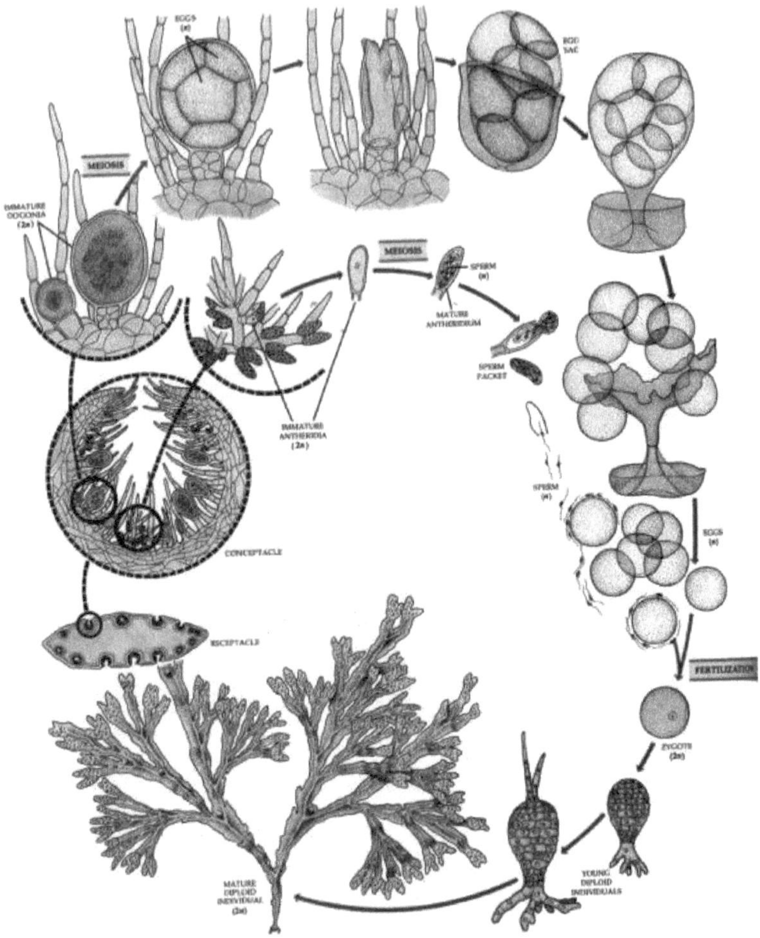

Figura 10: Reprodução sexual em *Fucus vesiculosus* (Phaeophyceae)

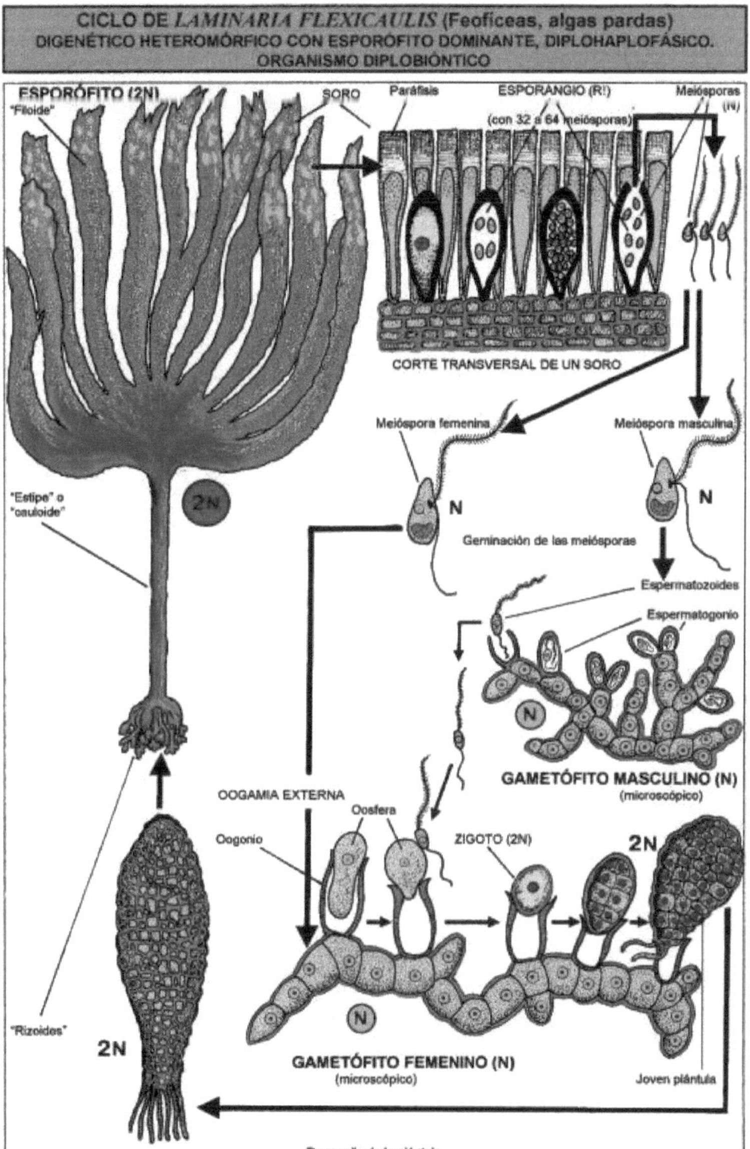

Figura 11: Reprodução sexuada em *Laminaria flexicaulis* (Phaeophyceae)

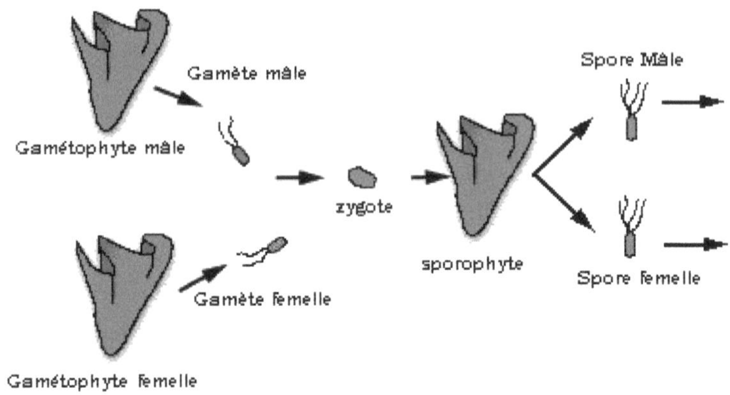

Figura 12: O ciclo de vida das algas, mostrando a alternância entre as fases de Gametófito e Esporófito.

13. Classificação das algas :

As algas constituem um grupo variado de plantas aquáticas, classificadas principalmente de acordo com os seus pigmentos, estrutura celular e modo de reprodução. O conhecimento da sua classificação permite-nos compreender melhor a sua diversidade e o seu papel nos ecossistemas marinhos e de água doce. Aqui está uma visão geral das principais linhagens de algas.

➢ **Clorófitas (Algas verdes) :**

✓ **Clorofíceas**: contêm pigmentos de clorofila a e b e carotenóides.

✓ **Ulvophyceae**: Inclui ordens como Bryopsidales e Cladophorales.

✓ **Prasinophyceae:** Um exemplo representativo é *Prasinochloris*.

✓ **Estreptófitas:** Inclui vários grupos, nomeadamente Mesostigmatophyceae, Zygnematophyceae e Charophyceae.

➢ **Cromófitas (algas coloridas) :**

- ✓ **Bacillariophyceae (Diatomáceas):** Contêm pigmentos de clorofila a e c, bem como fucoxantina.
- ✓ **Xanthophyceae (Algas Amarelas) :** Um exemplo notável é a *Vaucheria.*
- ✓ **Fucophyceae (Algas castanhas):** Inclui ordens como Fucales e Laminariales.

➢ **<u>Rhodophytes (Algas vermelhas) :</u>**

- ✓ **Rodofíceas**: Possuem pigmentos de clorofila a e d, bem como bilicromoproteínas como a ficoeritrina e a ficocianina. As ordens incluem Bangiales e Gigartinales.

➢ **<u>Euglenófitas :</u>**

- ✓ **Euglenofíceas:** Este grupo inclui algas unicelulares de água doce, algumas das quais são fotossintéticas com clorofila a e b.

➢ **<u>Dinófitas (Dinoflagelados) :</u>**

- ✓ **Dinophyceae**: Grupo de algas planctónicas unicelulares, algumas das quais são tóxicas e responsáveis por fenómenos de água vermelha.

➢ **<u>Haptophytes :</u>**

- ✓ **Prymnesiophyceae (Haptophytes) :** Algas unicelulares biflageladas com um exoesqueleto constituído por cocólitos.

➢ **<u>Criptófitas :</u>**

- ✓ **Criptofíceas**: Algas unicelulares marinhas ou de água doce que possuem pigmentos de clorofila a e c e são móveis graças aos flagelos.

➢ **<u>Glaucófitas :</u>**

- ✓ **Glaucophyceae:** Inclui géneros como *Glaucocystis* e *Cyanophora*, que têm um cloroplasto ancestral chamado cianela, com caraterísticas ancestrais.

Esta classificação evidencia a diversidade das algas e a sua adaptação a diferentes ambientes aquáticos, quer sejam de água doce ou marinhos.

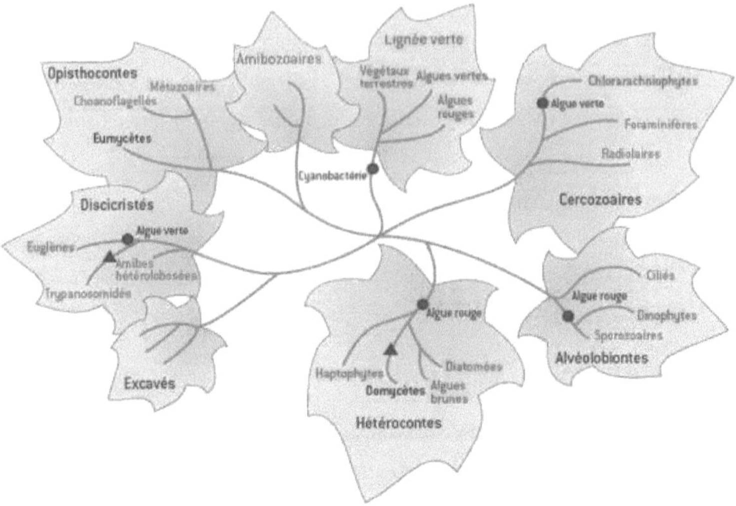

Figura 13: Classificação das algas

14. Determinação de algas :

Com exceção de algumas espécies comuns, a determinação ou identificação das algas é um exercício complexo. Esta tarefa torna-se particularmente árdua no caso das algas vermelhas, cujas espécies são muitas delas semelhantes. Uma identificação exacta requer frequentemente a consulta de chaves de determinação, que variam em qualidade e eficácia. Para facilitar esta tarefa, é útil recorrer a recursos complementares, como fotografias em linha e guias especializados.

Em França continental, a maioria das 8000 espécies de macrófitas tem nomes exclusivamente latinos, o que atesta a falta de interesse geral por estas plantas.

É de notar que nenhuma macroalga colhida viva, ou seja, ligada a um substrato, é tóxica. No entanto, as algas naufragadas ou flutuantes devem ser evitadas para fins alimentares.

15. Utilização alimentar das algas marinhas :

As algas marinhas, frequentemente descritas como um verdadeiro "vegetal do mar", são constituídas por 70% a 95% de água e distinguem-se pela sua riqueza em minerais, ultrapassando as plantas terrestres em cálcio, magnésio e ferro. Contêm igualmente oligoelementos e vitaminas como as vitaminas A, C e E, bem como a provitamina A no caso das algas vermelhas, e a vitamina B12, rara nas fontes vegetais e presente em algas como a *Porphyra umbilicalis* e *a Chlorella*. No entanto, o seu contributo nutricional pode variar em função da sua digestibilidade e assimilação. Além disso, as algas são ricas em clorotaninos e fibras e, ao contrário das plantas terrestres, oferecem proteínas completas, fornecendo todos os aminoácidos essenciais.

As algas comestíveis podem ser classificadas em vários grupos: algas verdes (como a alface-do-mar, o ao nori e a ulva), algas vermelhas (como o dulse, o nori e as carrageninas), algas castanhas (como o wakame, o kombu, o arame, o feijão-do-mar e o esparguete-do-mar) e algas azuis (principalmente a spirulina). Podem ser colhidas tanto em ambientes costeiros como marinhos, e podem ser macroalgas ou microalgas.

Figura 14: Principais macroalgas e microalgas alimentares (spirulina, dulse, alface-do-mar, wakame do Atlântico, feijão-do-mar, kombu real, wakame, nori e chlorella).

Quadro 1: Composição média das algas marinhas frescas da Bretanha

Composição (por 100g)	**Kombu real (*Sacchari***	**Wakame (*Undaria***	**Wakame do Atlântic**	**Feijão-do-mar (*Himantha***	**Alface-do-**	**Dulse (*Palmaria***

	na latissima)	*pinnatifida)*	o *(Alaria esculenta)*	*lia elongata)*	mar (*Ulva* sp.)	*palmata)*
Energia (kcal)	35,0	18,0	26,0	23,0	22,0	24,5
Água (g)	86,2	90,9	89,4	88,2	88,6	88,4
Proteína (g)	1,8	1,7	2,0	1,3	1,6	2,1
Gordura (g)	0,3	0,2	0,3	0,3	0,3	0,2
Hidratos de carbono (g)	3,8	0,5	1,0	1,7	1,1	1,3
Fibra (g)	5,4	3,6	5,6	4,6	4,2	4,5
Sal (g)	1,3	1,8	2,1	1,3	2,2	1,3
Potássio (mg)	962,1	813,4	699,4	1181,4	258,5	1315,9
Magnésio (mg)	113,1	112,5	164,9	110,4	340,3	59,6
Cálcio (mg)	140,6	66,5	124,1	95,1	95,1	105,4
Iodo (mg)	88,3	1,3	2,1	0,8	0,7	1,1
Ferro (mg)	2,9	0,3	1,5	0,2	2,6	2,4
Beta-caroteno (mg)	0,8	0,5	1,6	0,1	0,7	0,5
Vitamina C (mg)	12,7	6,5	19,4	36,8	8,0	7,2
Vitamina B9 (µg)	33,4	40,1	76,3	16,3	22,3	68,6

Vitamina K1 (µg)	44,4	66,8	30,0	5,9	2,1	73,1
Polifenóis (mg)	145,0	152,0	408,0	723,0	44,0	70,0
Fucoxantina (mg)	7,8	6,8	14,4	4,9	-	-

Quadro 2: Contribuição de 7 g de algas secas para a dose diária recomendada

	RDA	**Kombu real branqueado**		**Wakame**		**Wakame do Atlântico**		**Feijões-do-mar**		**Alface-do-mar**	
		Conteúdo	**% DDR/7g**	**Conteúdo**	**% DDR/7g**	**Conteúdo**	**% DDR/7g**	**Conteúdo**	**% DDR/7g**	**Conteúdo**	**% DDR/7g**
Potássio (mg)	2000	81,5	4,1	611,3	30,6	337,1	16,9	577,8	28,9	167,8	8,4
Magnésio (mg)	375	84,7	22,6	63,7	17,0	67,6	18,0	52,8	14,1	140,7	37,5
Cálcio (mg)	800	110,6	13,8	57,5	7,2	76,0	9,5	52,3	6,5	64,6	8,1
Iodo (mg)	0,15	3,7	2467	2,6	1733	2,7	1800	0,5	333	1,2	800
Ferro (mg)	14	0,9	6,4	0,8	5,4	2,1	15,0	0,1	0,8	1,0	7,2

Manganês (mg)	2	0,0	0	0,0	2,5	0,1	6	0,2	7,5	0,1	6,5
Provitamina A (µg)	800	70,4	8,8	1,1	0,1	11,7	1,5	37,3	4,7	11,7	1,5
Vitamina C (mg)	80	0,1	0,1	0,7	0,9	0,0	0	3,2	4	0,1	0,1
Vitamina B9 (µg)	200	6,4	3,2	17,4	8,7	26,5	13,3	6,1	3,1	1,2	0,6
Vitamina B12 (µg)	2,5	0,2	8,0	0,2	6,3	0,1	3,9	0,1	2,8	0,3	12,0
Vitamina K1 (µg)	75	67,7	90,3	23,8	31,7	61,0	81,3	23,4	31,3	0,6	0,8

	RDA	**Dulse**		**Nori**		**Maerl**		**Spirulina**		**Clorela**	
		Conteúdo	**% AJR/7g**	**Conteúdo**	**% AJR/7g**	**Conteúdo**		**Conteúdo**	**% AJR/7g**	**Conteúdo**	**% AJR/7g**
Potássio (mg)	2000	419,5	21,0	121,3	6,1	6,4	0,3	95,2	4,8	69,5	3,5

Magnésio (mg)	375	14,8	3,9	34	9,1	186	49,6	39,2	10,5	25,1	6,7
Cálcio (mg)	800	17,9	2,2	22,3	2,8	2131	266,4	34,1	4,3	25,7	3,2
Iodo (mg)	0,15	0,1	67	0,4	267	0,5	333	0	0	0	0
Ferro (mg)	14	1,5	10,5	2,6	18,6	10,1	72,1	5,6	40,0	14,2	101,4
Manganês (mg)	2	0,6	29,8	0,3	15,0	1,2	60,0	0,3	15,0	0,2	10,0
Provitamina A (µg)	800	18,1	2,3	326	40,8	-	-	2058	257,3	3150	393,8
Vitamina C (mg)	80	0,1	0,1	4	5	-	-	0,8	1	5,3	6,6
Vitamina B9 (µg)	200	15,8	7,9	1,5	0,8	-	-	4,2	2,1	107,2	53,6
Vitamina B12 (µg)	2,5	0,3	10,2	2,7	108	-	-	16,5	660	26,9	1076,0
Vitamina	75	30,0	40,0	-	-	53,2	70,9	93,8	125,1	53,2	70,9

K1 (µg)											
DDR: Dose Diária Recomendada											

CAPÍTULO 2: MICROALGAS

1. Introdução :

Os principais componentes do fitoplâncton, as microalgas, incluindo as cianobactérias, são organismos unicelulares fotossintéticos que habitam os oceanos e os rios há mais de três mil milhões e meio de anos. A utilização de algas remonta a milhares de anos. Os cientistas descobriram que o fitoplâncton é consumido no México desde o tempo dos Aztecas, enquanto os Chadianos consomem espirulina seca há várias décadas.

Na Europa, foi num contexto de penúria alimentar que, nos anos 40, os investigadores começaram a interessar-se pelas algas microscópicas como alimento ou complemento alimentar. O seu elevado teor de proteínas oferecia uma solução para o problema da subnutrição. A primeira unidade industrial dedicada ao cultivo de chlorella, inicialmente desenvolvida para alimentar peixes juvenis de viveiro, foi construída no Japão na década de 1960.

Em França, as primeiras utilizações das microalgas remontam ao final dos anos 70, com o aparecimento das primeiras incubadoras de moluscos e a produção de algas alimentares para a aquicultura. Com o passar do tempo, as empresas especializadas na produção de microalgas, designadas por microalgaticultores, desenvolveram os seus processos de produção e, sobretudo, valorizaram a sua produção através da comercialização de extractos. Surgiram novas aplicações na indústria alimentar, ligadas aos nutracêuticos, bem como na indústria cosmética, nomeadamente no domínio dos cosmecêuticos. Outros intervenientes em França especializaram-se no fabrico de reagentes de diagnóstico e de controlo. Por exemplo, duas empresas francesas, a Alpha Biotech e a Greensea, produzem e comercializam aloficocianinas no mercado internacional.

Entre 1975 e 2000, a produção mundial de microalgas registou um crescimento exponencial, passando de menos de 5 toneladas para 3 500 toneladas. Em 2004, a produção mundial de todas as espécies de microalgas foi estimada entre 7.000 e 10.000 toneladas de matéria seca, com um valor de mercado global superior a 4,5 mil milhões de dólares americanos. Nessa altura, 276 empresas estavam cotadas a nível mundial neste domínio, um terço das quais produzia essencialmente as três espécies dominantes: *Spirulina*, *Chlorella* e *Dunaliella*.

Atualmente, apesar do cultivo de cerca de dez espécies de microalgas, a produção mundial mantém-se estável em cerca de 10 000 toneladas por ano, um valor insignificante quando comparado com os 15 milhões de toneladas de macroalgas produzidas anualmente. As espécies de microalgas mais cultivadas são, por ordem decrescente: a cianobactéria *Arthrospira* (spirulina), que representa cerca de 50% da produção mundial, seguida das microalgas verdes *Chlorella, Dunaliella, Haematococcus, Nannochloropsis* e da diatomácea *Odontella*.

A Ásia domina a produção mundial de microalgas, representando cerca de 50% do total. Os outros principais países produtores são os Estados Unidos, o Chile, a Argentina, Israel e a Austrália. Na Europa, a Alemanha e os Países Baixos são os principais produtores, com cerca de 50 toneladas por ano. A França começou a desenvolver as suas primeiras unidades de produção de microalgas no final dos anos 1980. Atualmente, existem cerca de trinta unidades de produção em França, com uma produção anual de cerca de 10 a 15 toneladas.

Apesar destes progressos, as microalgas, com exceção de algumas espécies, ainda não atingiram um nível suficiente de maturidade industrial. Persistem problemas relacionados com a consistência da qualidade e os custos de produção, o que limita o seu acesso a determinados mercados.

2. Caraterísticas das microalgas :

2.1 Diversidade de famílias e espécies :

As microalgas, que se encontram tanto em águas doces como marinhas, são muito mais diversificadas do que todas as plantas terrestres. Estima-se que existam pelo menos 200 000 espécies diferentes em todo o mundo e alguns autores apontam para mais de um milhão de espécies. Estes organismos formam um grupo polifilético extremamente diversificado, que inclui tanto procariotas (como as algas azuis-verdes ou cianobactérias) como eucariotas (incluindo as algas verdes, vermelhas e castanhas). A sua classificação em divisões baseia-se em várias propriedades, como a pigmentação, a natureza química dos produtos de armazenamento da fotossíntese, a organização das membranas fotossintéticas e outras caraterísticas morfológicas.

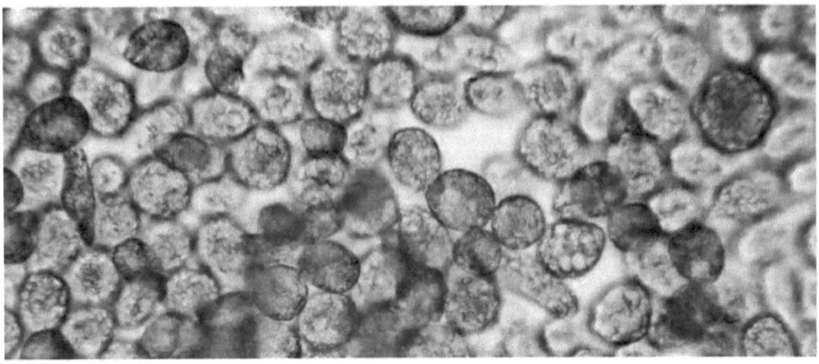

Figura 15: Microalgas.

As algas vermelhas e verdes pertencem à mesma família, a Plantae, e pensa-se que surgiram há cerca de dois mil milhões de anos. As algas castanhas e as diatomáceas, por outro lado, derivam de uma associação simbiótica entre uma microalga vermelha e um organismo unicelular heterotrófico que surgiu há mil milhões de anos. Estes formam a família dos Chromalveolate. É de notar que certos estudos científicos tendem a aproximar as algas vermelhas das algas castanhas, tendo em conta diferentes marcadores biogenéticos.

As cianobactérias, também conhecidas como algas azuis-verdes, são procariotas cuja espécie mais comummente cultivada é a spirulina. Surgiram há cerca de 3,8 mil milhões de anos e pensa-se que foram responsáveis pela produção de oxigénio na atmosfera primitiva através da fotossíntese. As suas células têm uma estrutura procariótica típica das bactérias, com a fotossíntese a ter lugar diretamente no citoplasma. Pensa-se que as cianobactérias estão na origem dos cloroplastos nas células eucarióticas, permitindo que as plantas realizem a fotossíntese através de um processo de endossimbiose.

Nas microalgas eucarióticas, a fotossíntese ocorre em estruturas especializadas, rodeadas por uma dupla membrana plastidial, denominadas cloroplastos. Estes organelos celulares, que contêm ADN, são semelhantes aos das cianobactérias, o que valida a hipótese de endossimbiose na origem destas estruturas.

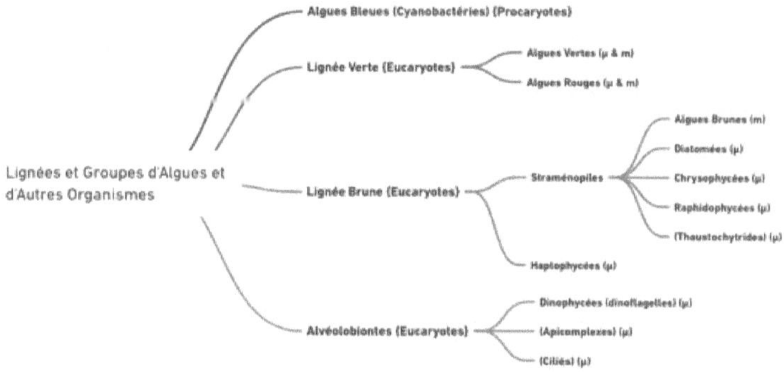

Figura 16: Filogenia das algas, baseada em "The genetic classification of living organisms".

No que diz respeito às colecções francesas de microalgas, a Coleção de Cultura de Roscoff (RCC) da Estação Biológica de Roscoff é particularmente notável. Esta coleção internacional foi criada em 1998 com o objetivo de conservar estirpes de microalgas a longo prazo e de as colocar à disposição da investigação fundamental e aplicada e do ensino em França e no estrangeiro. A CCR dedica-se igualmente ao isolamento de novas estirpes, garantindo a qualidade e a rastreabilidade dos recursos biológicos que possui.

Em 2011, o CCR albergava mais de 1 900 estirpes de microalgas e cianobactérias, representando mais de vinte classes de algas e protistas de uma grande variedade de ambientes, incluindo o Canal da Mancha, o Atlântico Norte, o Mar do Norte, o Mediterrâneo, o Mar Vermelho, o Oceano Ártico, o Pacífico equatorial, o Atlântico tropical e o Oceano Índico. Recentemente, a coleção passou a incluir bactérias fotoheterotróficas e vírus de microalgas. O CCR é uma das cinco maiores colecções de culturas de microalgas marinhas do mundo, constituindo um recurso biológico essencial para a exploração da diversidade taxonómica do fitoplâncton e permitindo uma vasta gama de investigação fundamental e aplicada.

Em França, duas outras colecções de microalgas dignas de nota são o Algobank, situado em Caen, que inclui cerca de 400 espécies, e a coleção de culturas do Institut Pasteur, especializada em cianobactérias.

Além disso, vários laboratórios, como o CNRS/UPMC LOV, o IFREMER PBA e o CEA/CNRS LB3M, desenvolveram as suas próprias bibliotecas de estirpes para gerir as várias espécies e estirpes em que estão a trabalhar.

2. 2 Biologia, estilo de vida e reprodução :

Algumas espécies de microalgas têm a capacidade de passar de um crescimento foto-autotrófico, em que utilizam a luz para converter o CO_2 em cadeias de carbono, para um crescimento heterotrófico, que ocorre sem luz e utiliza glucose ou outros substratos de carbono para o seu metabolismo de carbono e energia. Algumas algas podem também adotar um crescimento mixotrófico, combinando os dois modos.
As microalgas têm a vantagem de ter um ciclo de divisão muito curto, frequentemente da ordem de algumas horas, o que permite uma produção rápida de biomassa, atingindo vários gramas de matéria seca por litro. O seu desenvolvimento depende de uma série de factores de crescimento e de condições de cultura, como a água, os nutrientes, a luz, o CO_2, a temperatura, o pH da cultura e a agitação. Dependendo das estirpes cultivadas, a água utilizada pode ser doce, marinha ou salobra.
O abastecimento e a qualidade da água são factores cruciais para determinar e influenciar o cultivo de algas. Para garantir um crescimento ótimo em fotobiorreactores, é frequentemente necessário iniciar a cultura em água estéril, isenta de quaisquer outros microrganismos ou moléculas que possam inibir ou competir com o crescimento das algas, ou pelo menos semeá-la com uma quantidade significativa de biomassa.
Os nutrientes necessários para o crescimento das algas variam consoante o modo trófico, a estirpe cultivada e a fonte de água utilizada. Em modo autotrófico, as microalgas podem utilizar formas minerais azotadas (nitrato, nitrito, amónio) e fosfatadas (fosfato). Independentemente do modo de crescimento, as algas necessitam também de potássio, ferro, sílica (para as diatomáceas), enxofre, metais vestigiais e vitaminas.
É interessante notar que certas carências de nutrientes são deliberadamente aplicadas para estimular a produção de certos metabolitos. Por exemplo, uma deficiência em azoto, fósforo ou sílica pode induzir, em certas espécies, uma elevada acumulação de

lípidos. No modo heterotrófico, é utilizada uma fonte de carbono orgânico, como os açúcares, os ácidos orgânicos ou o glicerol.

Tal como acontece com todas as plantas clorofiladas, a fotossíntese permite-lhes fixar o dióxido de carbono da atmosfera ou dissolvido na água, utilizando a energia luminosa para produzir biomassa. As algas utilizam diferentes pigmentos de clorofila que lhes permitem captar fotões de diferentes comprimentos de onda.

Dependendo da aplicação e da área de cultivo, pode ser utilizada luz natural (sol) ou as algas podem ser iluminadas por uma fonte de luz artificial (néon, LED, etc.). A temperatura, o pH, o carbono inorgânico dissolvido e a taxa de homogeneização da cultura são também factores cruciais para o cultivo. Dependendo da estirpe a ser cultivada, existem intervalos ideais para estes parâmetros, de modo a garantir um crescimento ótimo. Se as condições se desviarem destes intervalos, o desempenho da cultura pode ser significativamente degradado.

Entre os factores que limitam o crescimento encontra-se a acumulação de oxigénio no ambiente, produzido pela fotossíntese num sistema fechado. É igualmente importante controlar o risco de contaminação por outros microrganismos, cujo crescimento rápido pode ultrapassar o das estirpes desejadas, ou por predadores susceptíveis de consumir rapidamente a biomassa. Os vírus podem também causar disfunções nos processos de cultivo. No entanto, este problema está largamente resolvido para as algas que crescem em ambientes extremófilos, como as águas hipersalinas (como *a Dunaliella salina*) ou hiperalcalinas (como a spirulina), que limitam o crescimento de predadores e microrganismos concorrentes.

2.3 Composição bioquímica :

As microalgas distinguem-se pela grande diversidade de moléculas presentes no interior das suas células, o que as torna significativamente diferentes das outras plantas em termos de riqueza em lípidos, proteínas, vitaminas, pigmentos e antioxidantes. Esta biomassa é uma fonte significativa de quase todas as vitaminas essenciais, como a B1, B6, B12, C, E e K1, além de possuir uma grande variedade de pigmentos, tanto fluorescentes como não fluorescentes, que também podem atuar como antioxidantes. Para além da clorofila, que representa entre 0,5 e 1% da matéria seca e é o principal pigmento fotossintético em todas as algas fotossintéticas, as microalgas contêm uma variedade de pigmentos adicionais, como os carotenóides (0,1 a 0,2% da matéria seca) e as ficobiliproteínas (ficoeritrina e ficocianina).

Entre os pigmentos mais utilizados contam-se a ficocianina da spirulina (um corante azul), a ficoeritrina do *Porphyridium purpureum* (um corante vermelho), a astaxantina do *Haematococcus pluvialis* e o beta-caroteno da *Dunaliella salina*.

As microalgas podem acumular mais de 50% do seu peso seco em lípidos, principalmente sob a forma de triglicéridos, fosfolípidos e glicolípidos. Estes lípidos contêm ácidos gordos saturados e polinsaturados (PUFA), como o ómega 3 (ALA, EPA, DHA) e o ómega 6 (ARA). O elevado teor de proteínas, péptidos e aminoácidos (entre 12% e 65% da matéria seca) de várias espécies de microalgas torna-as uma fonte não convencional de proteínas, particularmente interessante para o consumo humano e animal, nomeadamente em piscicultura.

Algumas espécies de microalgas são também ricas em oligossacáridos e polissacáridos, enquanto outras podem produzir moléculas com actividades antivirais, antibióticas ou antiproliferativas no ser humano. É provável que muitas moléculas ainda não tenham sido descobertas nas microalgas, e o seu potencial é objeto de investigação intensiva em muitos laboratórios de todo o mundo.

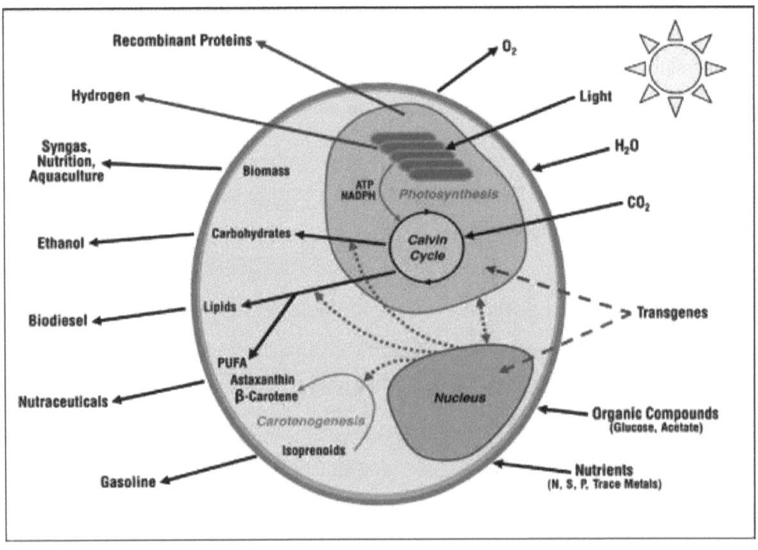

Figura 17: Diagrama do funcionamento de uma microalga, factores de produção, produtos e aplicações.

3. Produção de biomassa :

A produção de biomassa de algas tem evoluído consideravelmente ao longo do tempo. Em França, os primeiros produtores de algas surgiram com as primeiras incubadoras no final da década de 1970. Nessa altura, as microalgas eram principalmente cultivadas ao ar livre, muitas vezes em tanques descontínuos em condições semi-controladas. Desde então, as técnicas de produção melhoraram, permitindo uma produção contínua e controlada em fotobiorreactores, enquanto os sistemas abertos também beneficiaram da otimização e da automatização.

Em alguns casos, as microalgas e as macroalgas são cultivadas em conjunto em condições simbióticas, o que beneficia ambos os tipos de produção.

Por exemplo, *a Odontella* e *a Chondrus* são co-cultivadas nos mesmos tanques de escoamento na Innovalg.

As microalgas e as cianobactérias podem ser cultivadas por foto-autotrofia, em sistemas abertos ou fechados de várias dimensões e geometrias, utilizando a luz solar e/ou luz artificial. Podem também ser cultivadas por heterotrofia, um método bem conhecido e há muito estabelecido para o cultivo de bactérias. Cada um destes métodos de cultivo é apresentado de seguida.

4. Em culturas fotoautotróficas

4.1 Sistemas abertos: ecossistemas naturais, lagoas e tanques de alto rendimento (Raceways).

Os sistemas abertos são os mais utilizados para a produção comercial de microalgas, devido à sua facilidade de utilização, custo relativamente baixo e normalização. Destes sistemas, os tanques de alto rendimento, também conhecidos como raceways, são particularmente comuns. Estes tanques são pouco profundos, com uma profundidade máxima de 30 cm, e podem ter uma forma circular ou alongada, isolados ou ligados entre si.

A água nestes tanques é geralmente mantida em movimento por rodas de pás ou estruturas rotativas, permitindo uma mistura eficiente graças a guias bem concebidas. Os canais continuam a ser a tecnologia mais utilizada neste contexto.

Os nutrientes necessários para o crescimento das microalgas nestes sistemas são geralmente fornecidos por fertilizantes agrícolas inorgânicos. No entanto, podem também provir de escorrências de zonas agrícolas vizinhas ou da canalização de águas residuais ou do tratamento de águas. As culturas de algas nestes tanques podem ser definidas, com uma ou mais estirpes selecionadas, ou ser constituídas por uma mistura indefinida de estirpes.

Figura 18: Sistema de produção aberto do tipo Raceways.

Os tanques abertos oferecem uma série de vantagens importantes, incluindo a sua construção fácil e económica e a sua rápida colocação em funcionamento. Embora estes sistemas exijam um investimento inicial reduzido, oferecem um controlo

limitado sobre as culturas, o que resulta numa produtividade significativamente inferior à dos fotobiorreactores.
Vários factores contribuem para esta limitação:

- ✓ **Bacias profundas (20-50 cm)**: A penetração da luz é limitada, resultando numa baixa concentração de biomassa e numa produtividade reduzida em volume.
- ✓ **Fornecimento de $CO_{(2)}$**: Nestes sistemas, o fornecimento de dióxido de carbono depende quer da concentração atmosférica quer da borbulhagem. No entanto, a transferência de CO_2 para a fase líquida é frequentemente ineficiente devido à pouca profundidade dos tanques.
- ✓ **Dependência das condições naturais**: As variações não controladas da temperatura, do vento e da intensidade da luz num ambiente natural conduzem a uma produtividade aleatória e sazonal.
- ✓ **Vulnerabilidade à contaminação**: A abertura do sistema torna as culturas susceptíveis de contaminação por parasitas ou predadores externos, o que compromete a estabilidade da produtividade durante longos períodos. No entanto, este tipo de sistema é adequado para o cultivo de microalgas extremófilas, como a *Dunaliella salina* e *a Spirulina*, que se desenvolvem em ambientes altamente salinos ou altamente alcalinos, respetivamente.
- ✓ **Falta de agitação**: A ausência de agitação suficiente no volume de cultura reduz a exposição contínua das algas à luz, limitando assim o seu crescimento.
- ✓ **Necessidades de água**: Uma desvantagem adicional é a necessidade de grandes quantidades de água para compensar a elevada evaporação nestes sistemas de cultivo.

Estes factores explicam por que razão, apesar das suas vantagens em termos de custo e simplicidade, os tanques abertos não conseguem atingir os mesmos níveis de produtividade que os sistemas mais sofisticados, como os fotobiorreactores (PBR).

4.2 Sistemas fechados de PBR :

Os fotobiorreactores (PBR) são tanques ou sistemas fechados concebidos para o cultivo de algas, particularmente adequados para microalgas sensíveis à contaminação e para algas extremófilas. Estes sistemas permitem a cultura de uma ou mais estirpes específicas, optimizadas para a produção do produto desejado.

Os PBR podem funcionar em modo contínuo ou descontínuo, sendo que o cultivo contínuo oferece geralmente uma maior produtividade de biomassa.

Figura 19: Reator tubular.

Nestes sistemas, a água, os nutrientes necessários e o CO_2 são fornecidos de forma controlada, com uma transferência optimizada de CO_2 da fase gasosa para a fase líquida. Devido à elevada produtividade destes sistemas, é também necessário remover continuamente o oxigénio para evitar a inibição do crescimento.

Em função dos objectivos de produção e das condições climáticas, os sistemas fechados de PBR podem ser expostos à luz artificial ou à luz solar exterior. Podem ser necessários sistemas de controlo térmico para manter a cultura a uma temperatura constante, uma vez que a luz solar pode provocar o aquecimento da cultura sem ser compensado pela evaporação da água.

Ao contrário dos sistemas abertos, os fotobiorreactores são mais caros de construir e mais complexos de instalar, exigindo uma manutenção mais rigorosa e procedimentos de limpeza regulares.

No entanto, oferecem um melhor controlo das culturas, uma produção mais estável e sustentável ao longo do tempo e, consequentemente, rendimentos significativamente mais elevados.

Existem vários tipos de fotobiorreactores, adaptados à biologia das algas e ao seu ambiente de cultura. Eis os três principais tipos:

- ✓ **Fotobiorreactores de coluna vertical**: Estes reactores são simples na sua conceção, mas os grandes diâmetros (cerca de dez centímetros) frequentemente utilizados resultam numa eficiência volumétrica média. Um borbulhador na base do reator proporciona a mistura necessária.
- ✓ **Fotobiorreactores tubulares**: Estes reactores são uma alternativa aos reactores de coluna. Podem ser constituídos por uma rede de tubos horizontais, verticais, oblíquos, cónicos ou serpentinos. Os pequenos diâmetros dos tubos (alguns centímetros) permitem obter uma produtividade elevada. No entanto, as quedas de pressão na rede de tubos podem ser significativas e, no caso de tubos longos, podem ocorrer gradientes de pH, CO_2 e O_2 dissolvido, bem como fenómenos de incrustação, que afectam a produtividade do sistema.
- ✓ **Fotobiorreactores planos**: Introduzidos por Milner em 1953, estes reactores oferecem uma grande superfície iluminada, com espessuras de cultura muito reduzidas de alguns centímetros, ou mesmo inferiores a um centímetro (como o fotobiorreactor AlgoFilm desenvolvido no âmbito do programa BIOSOLIS da ANR). Podem ser instalados no exterior e têm uma menor acumulação de oxigénio dissolvido do que os fotobiorreactores tubulares horizontais. No entanto, também estão sujeitos a incrustações.

Figura 20: Reator tubular BioFence.

Para resolver o problema do acesso à luz nas culturas em fotobiorreactores, foram propostos sistemas iluminados no interior do volume de cultura por lâmpadas fluorescentes ou fibras ópticas, eventualmente acoplados a sistemas de captação solar (como o fotobiorreactor DiCoFluV desenvolvido no âmbito do programa BIOSOLIS da ANR). Estes sistemas podem atingir uma produtividade muito elevada, mas a tecnologia, bem como os procedimentos de limpeza e manutenção, são mais complexos.

Existem também projectos de fotobiorreactores imersos em lagos ou em meio marinho. A imersão assegura tanto o suporte mecânico dos tubos (geralmente mangas flexíveis, eventualmente micro ou nano-porosas) como o equilíbrio térmico do seu conteúdo, tamponado pela água circundante.

Apesar das suas muitas vantagens, os fotobiorreactores também têm algumas desvantagens:

- ✓ **Acumulação de oxigénio para inibir os níveis**: A formação de radicais livres devido à acumulação de oxigénio pode limitar a produtividade.
- ✓ **Sobreaquecimento significativo com a luz solar máxima**: O efeito de estufa pode exigir grandes quantidades de água para nebulizar o ar e manter a temperatura fora das zonas letais para as células.
- ✓ **Perdas de pressão associadas à circulação do fluido**: são frequentemente significativas, resultando num elevado consumo de energia, o que pode ser uma desvantagem quando se trata de produzir bioenergia.
- ✓ **Dificuldade de limpeza em caso de contaminação**: Em caso de contaminação, estes sistemas podem ser extremamente difíceis de limpar para remover o contaminante.

5. Em culturas heterotróficas :

As microalgas podem ser cultivadas através de processos biotecnológicos convencionais, utilizando algas heterotróficas ou tornando-as heterotróficas, e produzindo-as em fermentadores em vez de fotobiorreactores. Neste tipo de bioreactor, a energia luminosa não é utilizada como fonte de energia, o que evita o problema da difusão homogénea da luz. A energia necessária é fornecida por um substrato de carbono, o que significa que as algas não fazem fotossíntese, mas respiram.
Este sistema de produção tem muitas vantagens:

- ✓ **Elevada produtividade volumétrica**: A produtividade volumétrica é consideravelmente aumentada, até 100 vezes em comparação com um sistema aberto e até 10 vezes em comparação com um fotobiorreactor.
- ✓ Concentrações **elevadas de matéria seca**: As concentrações de matéria seca podem atingir várias centenas de gramas por litro.
- ✓ **Baixos custos de produção**: O sistema oferece custos de produção relativamente baixos.
- ✓ **Qualidade do produto**: Os produtos obtidos são de qualidade muito elevada.
- ✓ **Ambiente confinado**: O sistema confinado elimina o risco de contaminação.

- ✓ **Flexibilidade de localização**: Não existem restrições de localização geográfica.
- ✓ **Facilidade de industrialização**: O sistema é altamente industrializável.
- ✓ **Tecnologia dominada**: Esta tecnologia está totalmente dominada à escala industrial, nomeadamente para a produção de leveduras e bactérias em sectores como o químico e o alimentar, há várias décadas.

No entanto, este sistema tem também algumas limitações:

- ✓ **Necessidade de estirpes adaptadas**: É crucial dispor de estirpes adaptadas a este método de cultivo.
- ✓ **Custos de instalação e de investimento** : Os custos iniciais dos reactores e da instalação são elevados.
- ✓ **Dependência de fontes externas de carbono**: O cultivo requer fontes externas de carbono, que devem ser esterilizadas e fornecidas em quantidades suficientes para corresponder aos produtos gerados.
- ✓ **Não é adequada para a produção de bioenergia**: Esta tecnologia não é adequada para a produção de bioenergia a partir da energia solar.
- ✓ **Incapacidade de produzir pigmentos**: O sistema não é capaz de produzir pigmentos, o que limita a sua aplicação a certas produções específicas.

Por conseguinte, esta tecnologia é principalmente utilizada para a produção de produtos de elevado valor acrescentado, como as moléculas orgânicas, e não para aplicações em grande escala, como a produção de bioenergia.

6. Uma panorâmica de algumas das principais instalações internacionais :

- ✓ **Cellana (Hawaii, EUA)**: O consórcio Cellana explora um sítio com quase 2,5 hectares de Raceways no Hawaii, dedicado ao cultivo de microalgas.
- ✓ **SD-CAB (San Diego-Center for Algae Biofuels, Califórnia, EUA)**: Este centro está a desenvolver pistas ao ar livre num terreno de 16 hectares, em condições de baixa automatização. Ao mesmo tempo, estão também a ser desenvolvidas plataformas mais instrumentadas e inovadoras, embora em menor escala.
- ✓ **Synthetic Genomics-EMRE (Exxon Mobil, Califórnia, EUA)**: O maior piloto de estufa até à data, e provavelmente o mais bem automatizado, é o do consórcio Synthetic Genomics-EMRE na Califórnia. Esta estufa alberga vários tipos de fotobiorreactores e cerca de quinze Raceways.
- ✓ **AlgaeParc (Países Baixos)**: Localizado na Universidade de Wageningen, o AlgaeParc é um projeto que inclui quatro módulos de 25 m² cada, combinando várias tecnologias de fotobiorreactores e/ou Raceways.
- ✓ **SALINALGUE (França)**: No sul de França, o projeto SALINALGUE reúne um grande consórcio de industriais e laboratórios liderado pela La Compagnie du Vent. O projeto consiste na cultura em grande escala de um consórcio de algas dominado pela *Dunaliella salina* em bacias convertidas a partir de salinas marítimas. O ambiente extremamenteófilo criado pela água hipersalina limita a contaminação e as diversas formas de predação, proporcionando um ambiente favorável ao cultivo de microalgas.

Figura 21: Sapais da Baía de São Francisco.

7. Comparação de sistemas de produção de biomassa de microalgas: produtividade e custo de produção

7.1 Sistemas de produção

As microalgas podem ser cultivadas numa variedade de sistemas, cada um com as suas próprias vantagens e desvantagens em termos de produtividade e custos de produção. Os sistemas mais utilizados são :

- ✓ **Fotobiorreactores (PBR)**
- ✓ **Raceways lagoas**
- ✓ **Sistemas híbridos (combinação de PBR e bacias abertas).**

7.2 Produtividade

A produtividade em termos de biomassa de microalgas é influenciada por vários factores, incluindo a luz, o CO_2, a temperatura, a estirpe de algas e a qualidade dos nutrientes. Segue-se uma comparação entre os sistemas:

- ✓ **Fotobiorreactores (PBR)**
  - ➢ **Vantagens :**
    - Elevada produtividade graças a um melhor controlo das condições de crescimento.
    - Permite o cultivo denso com um baixo risco de contaminação.
    - Otimização da exposição à luz.
  - ➢ **Desvantagens:**
    - Custos de instalação elevados.
    - Elevada necessidade de energia para a mistura e circulação de fluidos.
  - ➢ **Produtividade:** geralmente superior à dos tanques abertos, com rendimentos da ordem de 1 a 5 g/L/dia.

- ✓ **Bacias abertas**
  - ➢ **Vantagens :**
    - Custos de instalação e de funcionamento relativamente baixos.
    - Fácil de implementar para produção em grande escala.
  - ➢ **Desvantagens:**
    - Menor controlo das condições ambientais, que podem afetar a produtividade.
    - Aumento do risco de contaminação por outros microrganismos.
  - ➢ **Produtividade:** inferior à do PBR, com rendimentos típicos de 0,1 a 0,5 g/L/dia.

- ✓ **Sistemas híbridos**
  - ➢ **Vantagens:** Combina as vantagens de ambos os sistemas, com um melhor controlo do que as bacias abertas e custos mais baixos do que os PBR.
  - ➢ **Produtividade:** intermédia entre o PBR e os lagos abertos.

7.3 Custos de produção :

O custo da produção de biomassa de microalgas é influenciado por uma série de factores, incluindo os custos de investimento, os custos operacionais (energia, mão de obra, nutrientes, CO_2) e a eficiência da colheita e processamento da biomassa. Eis uma comparação:

- ➢ **Fotobiorreactores (PBR) :**
  - **Custos elevados:** A instalação e o funcionamento dos PBR são dispendiosos devido às infra-estruturas e aos requisitos energéticos. Os custos podem variar entre 10 e 20 euros/kg de biomassa seca, consoante a escala e a eficiência do sistema.

- **Rentabilidade:** viável para produtos de elevado valor acrescentado (tais como nutracêuticos, pigmentos, produtos farmacêuticos).

➤ **Bacias abertas**

- **Custos reduzidos:** A construção e manutenção de lagos abertos são muito mais baratas, com custos de produção que variam entre 1 e 5 euros/kg de biomassa seca.
- **Rentabilidade:** Adequado para produtos de baixo valor acrescentado, como a produção em grande escala de biocombustíveis ou suplementos alimentares.

➤ **Sistemas híbridos**

- **Custos intermédios:** Os sistemas híbridos reduzem os custos combinando as vantagens dos PBRs para as fases críticas de crescimento e dos tanques abertos para a produção em massa. Os custos podem variar entre 5 e 10 euros/kg de biomassa seca.

Em resumo, os PBR têm o nível mais elevado de produtividade em termos de biomassa de microalgas, mas são os mais caros. Os tanques abertos têm uma produtividade baixa mas são muito baratos. Os sistemas híbridos pretendem ser um compromisso entre estes dois extremos, maximizando tanto a produtividade como a economia. Em termos de custos de fabrico, os tanques abertos são mais eficientes para plantas de maior dimensão, enquanto os PBR são recomendados para produtos específicos e de elevado valor acrescentado. Por conseguinte, o tipo de estrutura de produção a utilizar dependerá em grande medida das necessidades, tanto em termos de volume como de qualidade, e das limitações económicas do projeto.

8. Processos de colheita e concentração

8.1 Introdução

A fase de colheita e concentração das microalgas é atualmente reconhecida como um ponto crítico no processo autotrófico, representando até 20-30% dos custos de produção da biomassa de algas. Esta fase é influenciada a montante pela escolha da espécie e do método de cultivo, condicionando também as fases a jusante, como a extração, a purificação e a reciclagem.

A diversidade das estirpes de microalgas, com pequenas dimensões celulares que variam de 1 a 100 micrómetros e suspensões altamente diluídas que variam de 0,1 a 10 gramas por litro, complica ainda mais esta fase. Estes parâmetros devem ser cuidadosamente considerados aquando da escolha da tecnologia de colheita.

Existem também casos especiais de produção em que a biomassa microalgal não é fisicamente colhida, mas apenas as substâncias de interesse produzidas pelas células são recuperadas, antes de se reiniciar um ciclo de cultura. Este processo é conhecido como ordenha. Este método de produção foi utilizado de forma exemplar para a produção de lípidos. Neste caso, as algas são postas em contacto com um solvente de extração orgânico e é realizada uma operação de extração líquido/líquido, seguida de separação de fases. As algas tratadas são depois re-cultivadas, com taxas de sobrevivência de até 100% em alguns casos.

Os métodos de colheita possíveis baseiam-se em dois princípios de separação distintos:

- ✓ **Princípio da separação por diferença de densidade**: As técnicas baseadas neste princípio incluem a sedimentação, a floculação-decantação, a flotação e a centrifugação.
- ✓ **Princípio de separação por exclusão de tamanho**: Este princípio inclui processos de peneiração e de membrana, como a microfiltração e a ultrafiltração.

8.2 Sedimentação por gravidade por diferença de densidade :

Algumas estirpes de microalgas têm uma tendência natural para se depositarem quando todas as formas de mistura ambiental são interrompidas. Esta propriedade facilita a sua colheita, uma vez que concentra as algas, reduzindo o volume a ser processado. O processo de sedimentação depende de três parâmetros principais:

- ✓ **A diferença de densidade** entre o meio de cultura e as microalgas; uma maior diferença de densidade acelera a sedimentação.
- ✓ **O tamanho das microalgas**: as microalgas de maiores dimensões tendem a depositar-se mais rapidamente.
- ✓ **A viscosidade do meio de cultura**: De acordo com a lei de Stokes, a viscosidade do meio influencia a velocidade de sedimentação, sendo que uma viscosidade mais elevada torna o processo mais lento.

A combinação destes factores permite otimizar o tempo de decantação e melhorar a eficácia da colheita de microalgas por sedimentação por gravidade.

Figura 22: Diferentes tempos de sedimentação.

8.3. Floculação-sedimentação :

O fenómeno de floculação consiste em fazer com que as células das microalgas se agreguem, facilitando assim a sua decantação. São utilizados vários métodos de floculação, nomeadamente a floculação química e a biofloculação:

- ✓ **Floculação química**: Este processo utiliza aditivos químicos para ligar as algas ou modificar as interações físico-químicas entre elas. Por exemplo, podem ser adicionados sais de ferro ($FeCl_3$, $Fe2(SO_4)_3$) ou de alumínio ($Al_2(SO_4)_3$), ou podem ser utilizados polímeros aniónicos ou catiónicos sintéticos ou naturais.

- ✓ **Biofloculação**: Este método pode ser desencadeado por uma alteração das condições ambientais (pH, luz, temperatura, deficiência de nutrientes), resultando num stress celular que gera a síntese de exsudados agregantes, um processo conhecido como autofloculação. A biofloculação também pode ser desencadeada pela utilização de populações microbianas que produzem exsudados agregantes.

- ✓ **Eletrocoagulação e electrofloculação**: Estes métodos têm a vantagem de não utilizar aditivos químicos. A eletrocoagulação utiliza eléctrodos de ferro ou de alumínio através dos quais passa uma corrente que liberta iões metálicos por oxidação-redução. A electrofloculação, por outro lado, pode utilizar eléctrodos ou ultra-sons. Com os eléctrodos, as células perdem a sua carga em contacto com o ânodo (+) e podem aglomerar-se. Os ultra-sons geram campos acústicos, concentrando as células em zonas de potencial mínimo e provocando a sua agregação.

8.4 Flutuante :

Algumas estirpes de microalgas, particularmente as ricas em lípidos, têm uma tendência natural para flutuar. Para outras, a flutuação é induzida actuando sobre a diferença de densidade e de diâmetro das células. São utilizados dois métodos principais:

- ✓ **Electroflotação**: Este processo permite que as algas flutuem à superfície graças à ação de microbolhas de hidrogénio geradas pela eletrólise da água. O resultado é uma camada densa de algas suspensas à superfície. No entanto, este método tem um elevado consumo de energia e pode colocar problemas de durabilidade dos eléctrodos em ambiente marinho, devido à presença de cloretos.

- ✓ **Flotação por ar dissolvido (DAF)**: Inicialmente desenvolvido para o tratamento de águas residuais, este método envolve a libertação de ar na suspensão de algas, permitindo que as algas flutuem à superfície. A floculação pode ser utilizada para melhorar o processo. A eficácia deste método depende do tamanho e da distribuição das bolhas de ar na suspensão. A camada superior enriquecida com algas é então recuperada para tratamento posterior.

Estes métodos recuperam um concentrado de algas com um teor de matéria seca de 1 a 6%.

8.5 Centrifugação: efeito sobre o número de g :

A centrifugação utiliza a força centrífuga para separar as partículas sólidas em suspensão, como as algas, do fluido em que estão suspensas. Esta técnica baseia-se na intensidade gravitacional (número g) para conseguir a separação e o aparelho utilizado é designado por centrífuga. Vários parâmetros operacionais influenciam a eficiência desta técnica, incluindo :

- ✓ **Caraterísticas das células** (tamanho, concentração, etc.).
- ✓ **Tempo de residência** (controlado pela velocidade de alimentação).
- ✓ **Aceleração** (número de g).

Existem vários tipos de centrífugas, como a centrífuga de cuba, o separador de placas, o decantador centrífugo e o hidrociclone. Embora a centrifugação seja uma das técnicas mais utilizadas, é também uma das mais dispendiosas em termos de investimento e de consumo de energia.

8.6 Filtração facial: peneiração, separação por exclusão de tamanho :

A filtração frontal consiste em fazer passar o fluido a filtrar perpendicularmente à superfície do filtro. Esta tecnologia é particularmente adequada para células de grandes dimensões, superiores a 40 μm. Este processo é simples de pôr em prática, utilizando panos ou crivos para a colheita de certas algas, como a spirulina.

A filtração facial funciona com baixos gradientes de pressão (ou vácuo) e requer uma raspagem regular do bolo de algas formado no filtro para manter as taxas de filtração. No entanto, esta técnica é limitada pela acumulação de partículas na superfície do filtro, o que pode levar ao entupimento.

Consoante o tipo de estirpe cultivada, pode ser necessária uma pré-concentração ou uma camada de pré-filtragem. O teor de matéria seca e o consumo de energia dependem do tipo de peneira utilizado.

8.7 Filtração com membrana de fluxo cruzado: separação por exclusão de tamanho :

A filtração tangencial, também conhecida como filtração de fluxo tangencial, consiste em fazer passar o fluido paralelamente à superfície do filtro, ao contrário da filtração frontal. Neste processo, a pressão do fluido permite que o líquido passe através do filtro, enquanto as partículas permanecem no fluxo tangencial, o que reduz consideravelmente o risco de entupimento.

Esta técnica é particularmente adequada para partículas muito pequenas, com menos de 40 μm de tamanho, o que inclui a maioria das microalgas unicelulares. Com este método, é possível manter um fluxo de filtração mais estável e prolongado, minimizando a acumulação de partículas na superfície do filtro; uma vantagem significativa para o tratamento de pequenas microalgas.

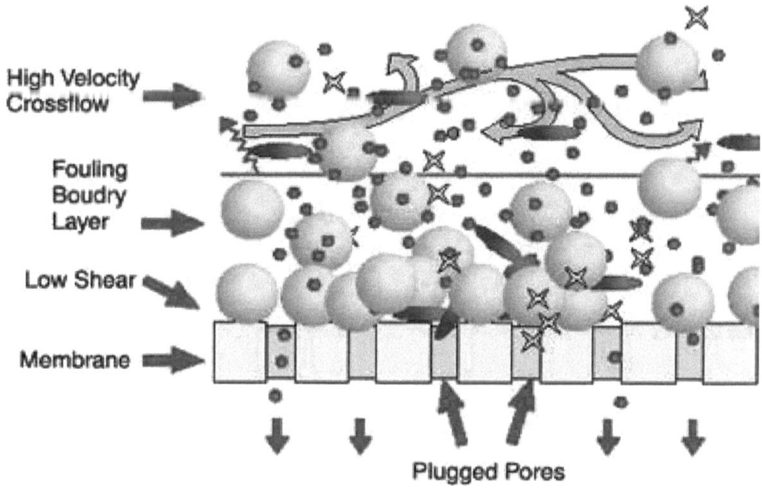

Figura 23: Princípio da filtragem de fluxo cruzado.

Na colheita de microalgas, uma boa retenção de células requer a utilização de membranas de microfiltração (MF) ou ultrafiltração (UF), com poros que variam entre 0,5 µm e 0,02 µm (≈ 50 kDa).

Estes sistemas, embora eficientes, caracterizam-se por uma diferença de pressão e uma velocidade tangencial limitadas, bem como por um elevado consumo de energia devido à bombagem e à pressão necessárias para forçar o fluido através das membranas. Apesar destes desafios, podem representar uma alternativa plausível à centrifugação para a colheita de microalgas.

Sistemas semelhantes, mas equipados com membranas minerais, são utilizados há décadas no tratamento de água potável, nomeadamente para tornar potável a água resistente aos tratamentos convencionais, como no caso da estação de bombagem de Méry-sur-Oise. Embora o modo tangencial seja frequentemente preferido para este tipo de filtração, estão atualmente em curso no GEPEA estudos experimentais em modo frontal, explorando novas possibilidades de otimização destes processos.

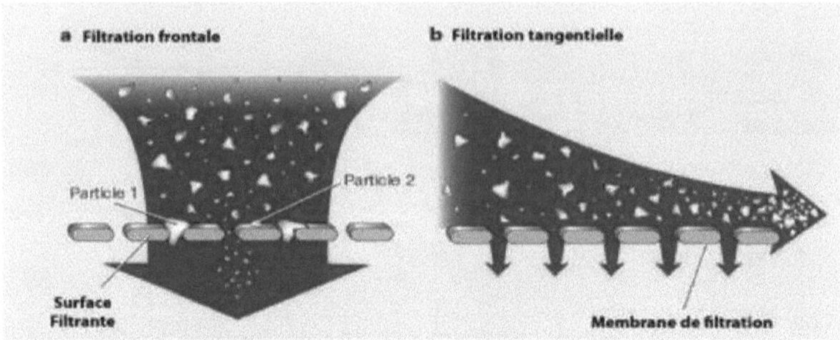

Figura 24: Comparação dos dois métodos de filtração

8.8 Comparação de diferentes sistemas de colheita :

É importante notar que as diferentes técnicas de colheita de microalgas podem ser utilizadas em cascata, ou seja, para a colheita inicial seguida de uma concentração adicional (colheita e desidratação). Esta abordagem optimiza a eficiência global do processo, combinando as vantagens específicas de cada método.

As tecnologias de colheita são frequentemente utilizadas em combinação para maximizar a eficiência e reduzir os custos.

Por exemplo:

- ✓ **Floculação seguida de flotação ou decantação**: A floculação agrega as microalgas, tornando-as mais fáceis de separar por flotação ou decantação.
- ✓ **Floculação seguida de centrifugação**: Após a floculação, a centrifugação pode ser utilizada para concentrar ainda mais as algas, melhorando a recuperação da biomassa.
- ✓ **Floculação seguida de filtração**: Embora menos comum, esta combinação permite que a floculação seja utilizada para melhorar a eficiência da filtração, reduzindo o risco de entupimento e aumentando o rendimento.

Estas combinações são escolhidas de acordo com as caraterísticas específicas das microalgas, os requisitos do processo de produção e os objectivos finais da aplicação, maximizando assim a eficiência da colheita e minimizando os custos e as restrições operacionais.

8.8.1 Por consumo de energia :

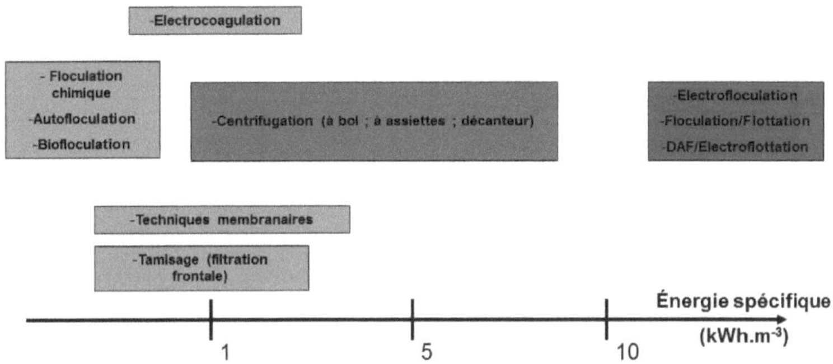

Figura 25: Comparação dos sistemas de recolha de acordo com o consumo de energia

8.8.2 Dependendo do teor de humidade final pretendido para a biomassa :

Quadro 3: Comparação dos sistemas de colheita de acordo com o seu objetivo de humidade final.

Biomassa muito húmida (< 5% MS)	**Biomassa húmida (5 - 30% MS)**
- Sedimentação natural	- Peneiração
- Flutuante	- Filtragem
- Floculação química	- Centrifugação
- Biofloculação	- Técnicas de membranas (micro ou ultra)
- Eletrocoagulação	
- Electrofloculação	

9. Conclusão :

Não existe um processo universal para a colheita de algas; a escolha do método depende de uma série de parâmetros-chave. A estirpe de microalgas utilizada, bem como as suas propriedades morfológicas, dimensionais e fisiológicas, podem ditar a seleção de um sistema de colheita em detrimento de outro.

A escolha da tecnologia de colheita deve igualmente ter em conta o caudal de cultura a tratar, a eficácia do tratamento (taxa de retenção, secura final), o impacto sobre a qualidade da biomassa e o seu tratamento posterior, a estabilidade do processo, bem como os potenciais desvios de desempenho (como a evolução do meio, o crescimento bacteriano, os detritos celulares e a libertação de exopolímeros). Outras considerações incluem o material utilizado (material do equipamento em relação ao meio) e os custos associados (investimento, energia, mão de obra, consumo de reagentes).

É também importante notar que um processo de colheita que seja eficaz em pequena escala não será necessariamente técnica e economicamente viável em grande ou muito grande escala para uma determinada estirpe.

A concentração final da pasta de microalgas dependerá do método de colheita utilizado e terá um impacto direto na quantidade de energia consumida, bem como nos processos de tratamento e extração a jusante.

De um modo geral, todas estas fases consomem muita energia, o que constitui um grande desafio para a otimização dos processos de colheita de microalgas em grande escala.

10. Processos de pré-tratamento e extração :

A extração das moléculas de interesse presentes nas células das algas é uma etapa crucial na extração de valor da biomassa microalgal. Esta biomassa, com o seu elevado teor de humidade, coloca desafios à preservação e extração dos produtos a extrair. Por exemplo, a secagem prévia é frequentemente necessária para otimizar o processo de extração. Uma vez que as moléculas de interesse estão geralmente encerradas no interior das células, é essencial ultrapassar as barreiras das membranas celulares. A trituração da biomassa antes da extração, por métodos mecânicos ou não mecânicos, melhora a eficácia desta etapa.

10.1 Secagem :

A secagem é uma fase crucial na preparação da biomassa microalgal para extração. Existem vários processos de secagem, cada um adaptado a diferentes aplicações:

- ✓ **Secagem solar**: Método tradicional em que as algas colhidas e concentradas são colocadas numa estufa ou ao ar livre para permitir a evaporação da água através da ação do sol.
- ✓ **Secagem por pulverização**: Uma técnica moderna em que um líquido é transformado em pó através da passagem por uma corrente de ar quente. As gotículas pulverizadas num recinto cilíndrico evaporam-se, deixando um pó que é depois separado do ar.
- ✓ **Liofilização**: Este processo consiste em remover a água de um produto por congelação seguida de evaporação por vácuo, o que preserva o volume, o aspeto e as propriedades do produto tratado. No entanto, este método requer uma grande quantidade de energia.
- ✓ **Détente Instantanée Contrôlée (DIC)**: Apresentada pelo *Laboratoire d'Etudes des Phénomènes de Transferts et de l'Instantanéité* da Universidade de La Rochelle, esta tecnologia trata a biomassa a alta temperatura e alta pressão durante um curto período de tempo. Uma queda brusca de pressão provoca uma auto-vaporização instantânea, resultando num arrefecimento rápido e na texturização dos materiais. A DIC é utilizada para a secagem, a descontaminação e a extração de lípidos.

10.2 Moagem :

A trituração é um passo fundamental para permitir que os solventes acedam às moléculas de interesse presas nas células das algas. Existem vários métodos de trituração, que podem ser mecânicos ou não mecânicos:

- ✓ **Mecânica**: homogeneização celular, moagem de bolas, ultra-sons, autoclavagem.

- ✓ **Não mecânicos**: Congelamento/descongelamento, utilização de solventes orgânicos, choques osmóticos, reacções ácido-base, lise enzimática.

- ✓ **Outros métodos**: Utilização de micro-ondas ou sonicação (ultra-sons) para romper as membranas celulares.

Em alguns casos, uma moagem eficiente pode ser suficiente para eliminar a necessidade de uma extração complexa, permitindo que o produto seja purificado diretamente por filtração.

10.3 Extração :

A extração é uma etapa essencial para o isolamento dos compostos biológicos de interesse. A escolha do método depende das moléculas a extrair, que variam consoante a espécie de alga e o seu estado de crescimento. É frequentemente necessário um elevado grau de concentração antes da extração, o que pode implicar uma secagem prévia.

10.3.1 Extração com solventes orgânicos :

- ✓ **Solventes utilizados**: Hexano, clorofórmio, etanol, isopropanol, butanol, cetonas, ésteres, óleos vegetais.

- ✓ **Processo**: Os solventes são selecionados de acordo com a sua polaridade e afinidade com as moléculas alvo. A presença de água pode limitar a eficiência da extração, exigindo uma secagem prévia.

- **Aplicações industriais**: extração de beta-caroteno de *Dunaliella salina* na Índia, maceração de microalgas secas para extrair ingredientes cosméticos activos

10.3.2 Extração com água subcrítica :

- **Princípio**: Utilização de água a temperaturas ligeiramente inferiores à temperatura crítica (Tc=376°C, Pc=221 bar); este facto reduz a polaridade da água e aumenta a solubilidade dos compostos orgânicos.

- **Vantagens**: Tempos de extração mais curtos, extractos de maior qualidade, custos de extração mais baixos, compatibilidade ambiental.

- **Desafios**: Difícil de extrapolar para uma escala alargada, necessidades elevadas de energia para aquecer o sistema.

10.3.3 Extração com fluidos supercríticos :

- **Princípio**: Utilização de fluidos acima do seu ponto crítico para aumentar o seu poder de solvatação. Este processo pode ser utilizado em modo descontínuo ou contínuo.
- **Vantagens**: Separação fácil de solventes e produtos após a extração, com os solventes a regressarem ao seu estado gasoso assim que a pressão e a temperatura regressam às condições atmosféricas.

- **Aplicações** : A extração com fluido supercrítico é normalmente utilizada para isolar moléculas de interesse de elevado valor.

Estes diferentes métodos de extração permitem tirar partido das moléculas presentes nas microalgas, tendo cada método as suas próprias vantagens e limitações em função dos objectivos específicos de produção.

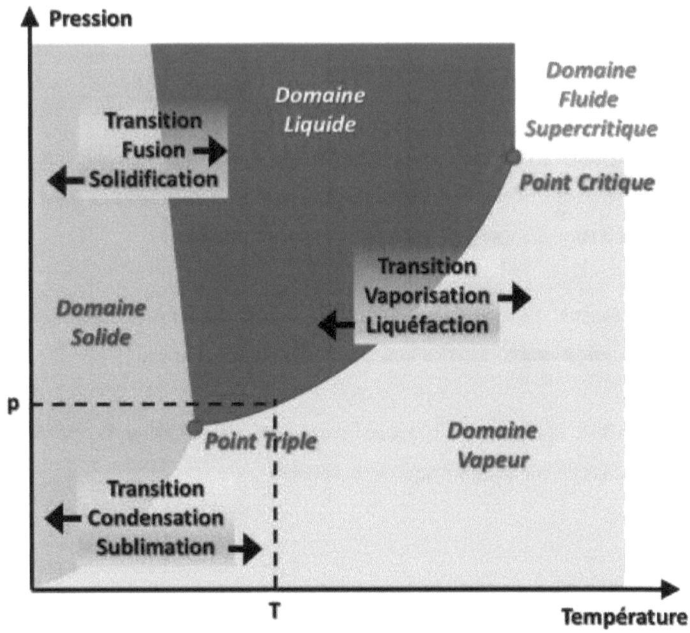

Figura 26: Diagrama dos diferentes estados de um corpo.

As técnicas de extração com fluido supercrítico são amplamente utilizadas para a extração comercial de substâncias de substratos sólidos, como a extração de cafeína de grãos de café, uma aplicação que tem sido utilizada há mais de 20 anos. A maioria das aplicações utiliza o dióxido de carbono (CO_2) como fluido supercrítico (Tc=31°C e Pc=74 bar). No entanto, podem também ser utilizados outros solventes, como o etano, o hexano, a água (Tc=376°C e Pc=221 bar), o metanol, o óxido nitroso, o hexafluoreto de enxofre, bem como o n-butano e o pentano.

✓ **Nota:**

O tratamento supercrítico não se limita à extração; é também capaz de extrair e converter simultaneamente óleos em biocombustíveis. A técnica provou ser eficaz na extração de outros compostos de algas. A abordagem de transesterificação supercrítica também pode ser aplicada a extractos de óleo de algas, oferecendo um método poderoso para a produção de biocombustíveis diretamente a partir de biomassa de algas.

Os fluidos supercríticos têm a vantagem de serem selectivos, permitindo a obtenção de extractos de elevada pureza e concentração. Além disso, este método não deixa resíduos de solventes orgânicos no extrato ou na biomassa tratada, o que constitui uma vantagem considerável para a qualidade dos produtos finais.

A extração é particularmente eficaz a temperaturas de funcionamento moderadas, por exemplo, abaixo de 50°C com CO_2, garantindo a máxima estabilidade e qualidade dos produtos extraídos. Isto é crucial para a preservação de compostos sensíveis ao calor, assegurando que o produto final mantém todas as suas propriedades benéficas.

10.4 Extração com CO_2 supercrítico :

O estado supercrítico confere ao CO_2 um excelente poder de extração, que pode ser modulado à vontade, ajustando a temperatura e a pressão a que é utilizado. O CO_2 é um bom solvente no estado supercrítico, mas torna-se ineficaz no estado gasoso. Este processo oferece uma série de vantagens significativas:

- ✓ **Inércia química**: o CO_2 é totalmente inerte, natural, não tóxico e pouco dispendioso.
- ✓ **Condições de funcionamento moderadas**: O $CO_{(2)}$ supercrítico funciona a baixas temperaturas e pressões moderadas, com uma temperatura crítica de 31,1°C e uma pressão de 73,9 bar, o que preserva os compostos sensíveis ao calor.
- ✓ **Separação fácil e recuperação económica**: No final do ciclo de extração, o solvente (CO_2) e o soluto (extrato) são facilmente separados. Uma simples libertação de pressão faz com que o CO_2 volte ao estado gasoso, permitindo uma recuperação quase completa do solvente a um custo reduzido.

- ✓ **Custos de funcionamento reduzidos**: à escala piloto ou laboratorial, os custos de funcionamento são limitados graças à reciclagem contínua do CO_2.

No entanto, a extração com $CO_{(2)}$ supercrítico exige um baixo teor de água na biomassa de algas, como demonstram os trabalhos do *Laboratório M2P2* da Universidade de Aix-Marseille no âmbito do projeto SHAMASH. Além disso, embora esta técnica seja muito prometedora, a sua instalação à escala industrial continua a ser dispendiosa.

Para melhorar o poder de extração do CO_2 supercrítico e alargar a gama de moléculas extraíveis, é possível adicionar um co-solvente, como o etanol. Este co-solvente pode otimizar a extração de compostos específicos, permitindo uma extração mais selectiva e eficiente. Graças à sua seletividade controlada, o $CO_{(2)}$ supercrítico pode também ser utilizado para separar compostos após uma extração inicial com outro solvente, como o etanol.

Em resumo, a extração supercrítica de $CO_{(2)}$ é um método versátil e de elevado desempenho, particularmente adequado para a extração de compostos sensíveis, minimizando os resíduos de solvente nos extractos finais. No entanto, a sua aplicação em grande escala requer ajustes específicos para gerir a humidade da biomassa e os custos de instalação.

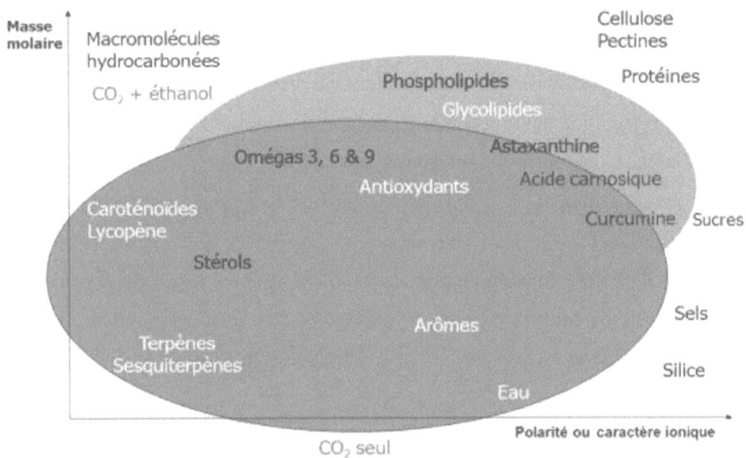

Figura 27: Moléculas extraíveis por $CO_{(2)}$ supercrítico isolado e na presença de etanol.

11. Fim do processo para os biocombustíveis :

11.1 Transesterificação :

A reação de transesterificação é um processo-chave utilizado para converter triglicéridos extraídos de algas em ésteres metílicos de ácidos gordos (FAME), que podem ser utilizados como biodiesel. Esta reação química envolve a substituição de um grupo de álcool num éster por outro álcool, transformando assim um éster e um álcool noutro éster e noutro álcool. A transesterificação pode ser realizada através de sistemas de reação catalíticos ou não catalíticos, utilizando vários sistemas de aquecimento para iniciar a reação. Um ácido ou uma base é frequentemente utilizado como catalisador para facilitar o processo. Esta reação produz uma molécula de glicerol por cada três moléculas de ácido gordo.
No entanto, os lípidos extraídos das microalgas apresentam algumas desvantagens para a produção de biodiesel por transesterificação. Estes lípidos contêm frequentemente longas cadeias de carbono e poli-insaturação, duas caraterísticas que colocam problemas na produção de biodiesel, nomeadamente em termos de viscosidade e formação de alcatrão. Em comparação, a colza tem um perfil de ácidos gordos muito mais adequado à produção de biodiesel.

11.2 Transesterificação química :

A transesterificação química é uma tecnologia relativamente madura, frequentemente utilizada como referência para a conversão de óleos vegetais em biodiesel. Para além da abordagem clássica que utiliza metanol catalisado por bases, foi demonstrado que a transesterificação do óleo de algas pode ser realizada com etanol, utilizando etanolato de sódio como catalisador. Os produtos destas reacções são geralmente separados pela adição de éter e água salgada à solução, seguida de uma agitação intensa. O biodiesel é então isolado do éter por evaporação a alto vácuo, resultando num produto final purificado. Em resumo, embora a transesterificação química seja um método comprovado para a produção de biodiesel a partir de óleos vegetais, a adaptação desta tecnologia a óleos extraídos de microalgas exige a superação de desafios específicos relacionados com a composição dos lípidos das algas.

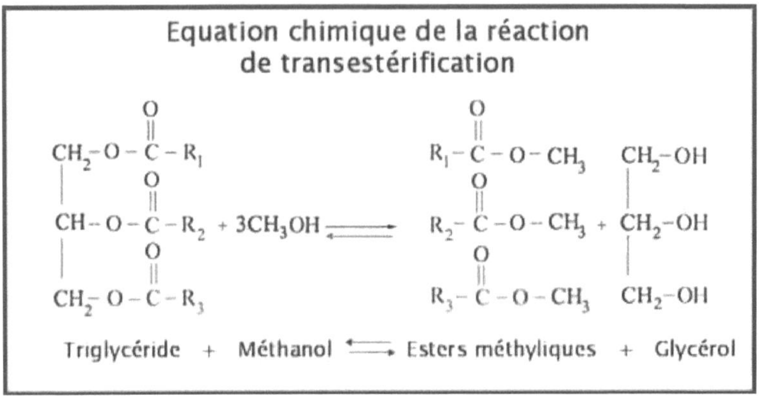

Figura 28: Reação química clássica de transesterificação.

11.3 Conversão bioquímica (enzimática) :

Os processos químicos permitem um elevado nível de conversão dos triglicéridos em ésteres, mas apresentam inconvenientes como o elevado consumo de energia e a dificuldade de eliminar o glicerol e o catalisador alcalino. A utilização de biocatalisadores (lipases) na transesterificação oferece uma alternativa mais respeitadora do ambiente. No entanto, embora esta abordagem seja atractiva, ainda não é comummente utilizada em grande escala, principalmente devido ao elevado custo das lipases e ao seu tempo de vida limitado. O controlo destes factores é essencial para que este processo seja economicamente viável.

11.4 Cracking catalítico :

Os catalisadores de transesterificação são eficientes, mas exigem a purificação e a eliminação dos fluxos de produtos, aumentando assim os custos. O desenvolvimento de catalisadores imobilizados, quer homogéneos quer heterogéneos, poderia reduzir estes custos. Os catalisadores de ácido de Lewis, como o $AlCl_3$ ou o $ZnCl_2$, demonstraram ser eficazes na conversão de triglicéridos em ésteres metílicos. A utilização de um co-solvente, como o tetrahidrofurano, pode melhorar os rendimentos de conversão, atingindo até 98%.

11.5 Hidrogenação :

A transesterificação converte eficazmente os triglicéridos em ácidos gordos que podem ser utilizados como biodiesel, mas estes produtos não são adequados para o bio-querosene, que exige especificações rigorosas. A hidrogenação, que elimina as ligações duplas dos hidrocarbonetos, é uma alternativa para a produção de combustíveis de aviação de alta qualidade. Os hidrocarbonetos obtidos têm excelentes qualidades para a parafina, tais como cadeias de carbono bem dimensionadas, cetano elevado, ausência de enxofre e propriedades de frio ajustáveis.

11.6 Metanização :

A metanização é um processo de digestão anaeróbia que transforma a matéria orgânica em biogás, constituído por 60-70% de biometano, sendo o restante principalmente CO_2, que pode ser reciclado para o cultivo de algas. As vantagens deste processo incluem a utilização de biomassa húmida, reduzindo a necessidade de secagem, e a capacidade de reciclar nutrientes da biomassa digerida. No entanto, continuam a existir desafios para as espécies marinhas, incluindo a gestão do enxofre e a inibição por sódio e cloretos. Embora o biogás não seja economicamente viável como produto principal, a metanização pode ser útil para o tratamento de resíduos de biomassa após a extração de produtos de elevado valor acrescentado, ou em processos que combinem o tratamento de resíduos orgânicos e a cultura de microalgas.

12. Tratamentos termoquímicos :

Os tratamentos termoquímicos permitem transformar a biomassa sem envolver organismos vivos, o que significa que podem ser utilizadas condições extremas. A biomassa é decomposta em moléculas de carbono em fase gasosa, líquida ou sólida, que podem depois ser refinadas para produzir biocombustíveis. No entanto, este tipo de tratamento requer um elevado consumo de energia, superior ao necessário para a produção de biogás.

12.1 Pirólise :

A pirólise decompõe quimicamente a biomassa utilizando o calor, sem oxigénio ou outros reagentes. O tratamento termoquímico das algas pode produzir uma vasta gama de produtos, dependendo das condições de reação. A pirólise oferece uma grande vantagem graças à sua rapidez, com tempos de reação que variam entre alguns segundos e minutos.

12.2 Gaseificação :

A gaseificação converte materiais carbonosos, como a biomassa, em monóxido de carbono e hidrogénio, reagindo com uma quantidade controlada de oxigénio a alta temperatura. A mistura resultante, denominada gás de síntese, é um combustível utilizável. A gaseificação da biomassa de algas pode produzir uma variedade de combustíveis líquidos, nomeadamente através da síntese de Fischer-Tropsch ou da síntese de álcool misto. A síntese de Fischer-Tropsch, em particular, é uma tecnologia madura, embora a remoção de água continue a ser um desafio para a gaseificação de algas.

12.3 Liquefação hidrotérmica :

A liquefação hidrotérmica em água subcrítica converte a biomassa de algas húmidas em combustíveis líquidos. O processo, inspirado nos processos naturais de formação de combustíveis fósseis, explora a elevada atividade da água num ambiente subcrítico para decompor a biomassa em moléculas mais pequenas. O principal produto deste processo é um "bio-crude" que representa cerca de 45% em peso da matéria-prima, com um teor energético comparável ao do gasóleo.

13. Aplicações e mercados potenciais :

13.1 Introdução :

A diversidade das espécies de microalgas e a sua riqueza em metabolitos abrem caminho a uma vasta gama de aplicações, abrangendo numerosos sectores industriais (ver Figura 29 e Quadro 4 abaixo). A biomassa pode ser utilizada na sua forma bruta ou como vetor para a produção de moléculas de interesse. A biomassa bruta, viva ou não viva, é utilizada na alimentação humana, na alimentação animal (especialmente na aquicultura), na energia e no ambiente.
Os compostos de interesse, identificados principalmente em microalgas e cianobactérias, incluem lípidos, vitaminas, polissacáridos, proteínas, pigmentos, antioxidantes e vários outros componentes celulares. Estes produtos são comercializados em vários sectores:

- ✓ **Saúde e bem-estar**: Utilizados na alimentação (aditivos alimentares e corantes), nos nutracêuticos, nos cosméticos e nos produtos farmacêuticos (princípios activos biológicos e terapêuticos).

- ✓ **Alimentação animal**: Utilizado como potencial farinha proteica e agente corante.

- ✓ **Energia**: Utilizada na produção de biocombustíveis e outras fontes de energia renováveis.

✓ **Química verde**: intermediários químicos e materiais de base biológica.

O sector ambiental está igualmente interessado na utilização de algas cultivadas pelas suas propriedades despoluentes, contribuindo para soluções ecológicas de gestão dos ecossistemas e de redução da poluição.

Quadro 4: Microalgas produzidas comercialmente, quantidades, localizações, aplicações e valor de mercado em 2004.

Microalgas	**Produção anual**	**Países produtores**	**Aplicação e produtos**	**Preços**
Spirulina	3 000 toneladas de matéria seca	China, Índia, EUA, Birmânia, Japão	Nutrição humana, Nutrição animal, Cosméticos, Fitobiliproteínas	36/kg, 11 €/mg
Clorela	2 000 toneladas de matéria seca	Taiwan, Alemanha, Japão	Nutrição humana, Cosméticos, Aquacultura	36/kg, 50 €/L
Dunaliella salina	1,200 toneladas de matéria seca	Austrália, Israel, EUA, Japão	Nutrição humana, Cosméticos, B-caroteno	215-2150 euros/kg
Aphanizomenon flos-aquae	500 toneladas de matéria seca	EUA	Nutrição humana	Não especific ado
Haematococcus pluvialis	300 toneladas de matéria seca	EUA, Índia, Israel	Aquacultura, Astaxantina	50 €/L, 7150 euros/kg
Crypthecodiniu m cohnii	240 toneladas de óleo DHA	EUA	Óleo DHA	43 euros/kg

Shizochytrium	10 toneladas de óleo DHA	EUA	Óleo DHA	43 euros/kg

Deixando de lado os desafios associados à produção industrial de microalgas, o potencial de mercado para produtos derivados de microalgas está a crescer significativamente, em linha com o mercado global de produtos químicos renováveis, que foi avaliado em 45 mil milhões de euros em 2009 e 59 mil milhões de euros em 2014. De acordo com um estudo de Pulz e Gross, o mercado mundial das microalgas foi estimado entre 5 e 6,5 mil milhões de dólares americanos (estudo TecKnowMetrix para a Algasud - 2010).

Estes números ilustram o interesse crescente em produtos derivados de microalgas, bem como o seu potencial comercial, que poderá continuar a crescer à medida que as tecnologias de produção se tornem mais eficientes e rentáveis em grande escala.

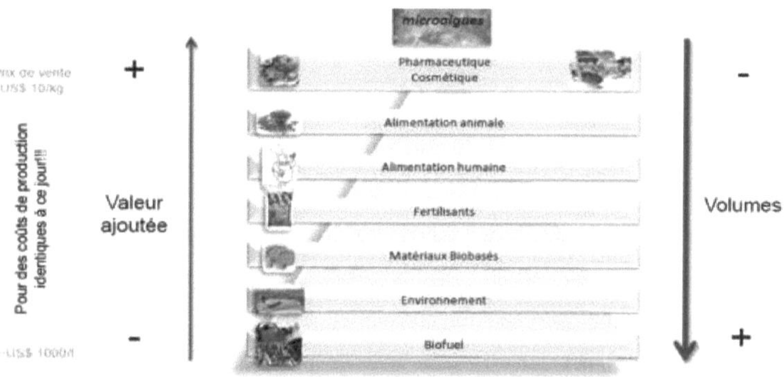

Figura 29: Microalgas e a gama de aplicações possíveis.

13.2 Produtos de algas marinhas para consumo humano :

As algas marinhas são tradicionalmente consumidas em muitas partes do mundo, particularmente por alguns povos indígenas em África, na América do Sul e no

México, que as incluem em pequenas quantidades na sua dieta para beneficiarem do seu conteúdo em vitaminas e nutrientes. Para além destas utilizações tradicionais, os ingredientes derivados de algas marinhas estão a ser cada vez mais utilizados na preparação industrial de alimentos. Estes ingredientes incluem ácidos gordos polinsaturados, pigmentos naturais, antioxidantes e vários compostos bioactivos. As microalgas para a alimentação humana são atualmente comercializadas sob diversas formas: comprimidos, cápsulas, suspensões e extractos solúveis em ampolas. Podem também ser incorporadas em produtos alimentares como massas, snacks, doces, bebidas, cereais de pequeno-almoço, barras nutricionais e bolachas.

Em 2007, o mercado global de alimentos funcionais e nutracêuticos foi estimado em 138 mil milhões de euros, prevendo-se que atinja 175 mil milhões de euros em 2012, com 1 a 2 mil milhões de euros dedicados às microalgas (estudo TecKnowMetrix para a Algasud). De acordo com o *National Algal Biofuels Technology Roadmap*, o consumo mundial de biomassa de algas sob a forma de suplementos alimentares representou um mercado de cerca de 2,5 mil milhões de dólares em 2010, ou seja, cerca de 1,8 mil milhões de euros (Projeto IEED Green Stars).

13.3 Produtos alimentares de base :

As proteínas são essenciais para a nutrição humana e a carência proteica é uma das principais causas de subnutrição. Algumas algas, como a cianobactéria **Arthrospira** (mais conhecida por *Spirulina* ou espirulina), contêm até 60% de proteínas. A spirulina, cultivada pelo seu elevado teor de proteínas, é fácil de cultivar em monocultura devido à sua capacidade de se desenvolver a um pH elevado e de formar grupos multicelulares em forma de espiral, o que facilita a sua colheita. As provas do consumo de espirulina remontam ao século XVI, entre os Aztecas do México e a tribo Kanembou do Chade.

Em 2008, uma resolução intitulada "Utilização da espirulina para lutar contra a fome e a subnutrição e contribuir para a realização do desenvolvimento sustentável", liderada por cinco países em desenvolvimento na Assembleia Geral das Nações Unidas, levou a FAO a publicar um relatório exaustivo sobre esta microalga. O relatório aponta uma série de efeitos benéficos para a saúde humana, mas também alerta para o facto de certas espécies de algas poderem produzir toxinas, como as microcistinas.

A espirulina é rica em proteínas (mais de 60% de proteínas brutas), vitaminas, minerais e outras substâncias biologicamente activas, e é facilmente digerível graças à sua parede celular constituída por polissacáridos, com uma digestibilidade de 86%. Um consumo diário típico de espirulina é de cerca de 15 gramas, o que representa uma pequena parte do consumo diário de proteínas de um adulto.

Existem dois extractos principais de espirulina: as ficobiliproteínas, o único corante alimentar azul natural, e um extrato proteico branco-amarelo, insípido e inodoro, que pode ser utilizado em diversas aplicações alimentares. A biomassa remanescente após a extração pode ser utilizada para outros produtos.

Embora as microalgas, como a chlorella, também sejam reconhecidas pelo seu elevado teor de proteínas, ainda não ganharam importância significativa como substituto alimentar devido a restrições regulamentares e às caraterísticas organolépticas (textura, cor, cheiro).

13.4 Produtos alimentares e farmacêuticos para a saúde :

Para além da sua utilização como alimento, as algas fornecem uma grande variedade de vitaminas, nutracêuticos e outros nutrientes. Os produtos alimentares saudáveis dominam atualmente o mercado das microalgas. Em 1996, o consumo de alimentos saudáveis derivados de microalgas no Japão foi estimado em 2 400 toneladas.

As microalgas são uma fonte valiosa de pigmentos, ácidos gordos polinsaturados (PUFAs) e outros compostos bioactivos com propriedades medicinais ou nutricionais. O mercado global de corantes, em todas as aplicações combinadas, valia 14 mil milhões de euros em 2004, e o mercado de carotenóides, principalmente derivados de microalgas, valia cerca de 900 milhões de dólares americanos em 2005.

A indústria cosmética é também um utilizador crescente de extractos de algas marinhas, particularmente em cremes anti-envelhecimento, emolientes e produtos de proteção solar. As algas marinhas proporcionam benefícios antioxidantes, hidratantes e protectores, tornando-as um ingrediente muito procurado nos produtos de beleza e de cuidados da pele.

13.5 Algas marinhas para alimentação animal :

As algas ricas em proteínas são utilizadas na alimentação animal, nomeadamente para a pecuária terrestre (suínos, aves de capoeira, bovinos) e para a aquicultura, como substituto dos bagaços de oleaginosas e da farinha de peixe. De acordo com o DEO 2010 dos EUA, o valor das microalgas para a aquicultura e a alimentação animal é de 540 milhões de euros e 230 milhões de euros, respetivamente.

A utilização de algas marinhas na alimentação animal tem muitas vantagens, incluindo a melhoria da fertilidade e da saúde dos animais e a contribuição para subprodutos de melhor qualidade para consumo humano, como a carne e o leite.

13.6 Cosméticos :

As microalgas, nomeadamente ***a Arthrospira*** e ***a Chlorella***, estão bem implantadas no mercado dos cuidados da pele. Os seus extractos, com propriedades antioxidantes, hidratantes e protectoras, são utilizados em cremes anti-envelhecimento, produtos de proteção solar e produtos para o cabelo. O mercado dos cosméticos naturais e biológicos está em plena expansão e as microalgas oferecem um grande potencial para responder a esta procura crescente.

13.7. Energia :

As microalgas estão a emergir como uma solução promissora na corrida às energias renováveis, nomeadamente para a produção de biocombustíveis. São capazes de acumular mais de 50% do seu peso seco em ácidos gordos, com rendimentos por hectare superiores aos das espécies oleaginosas terrestres. Os biocombustíveis derivados de microalgas, como a gasolina, o gasóleo e a parafina, oferecem uma alternativa sustentável aos combustíveis fósseis tradicionais, com caraterísticas adaptadas às exigências do sector dos transportes, incluindo a aviação.

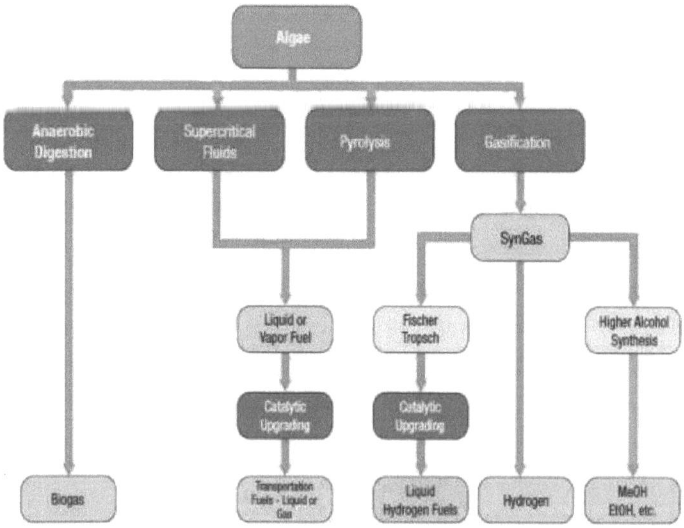

Figura 30: Diagrama da conversão potencial das algas na sua totalidade em biocombustíveis.

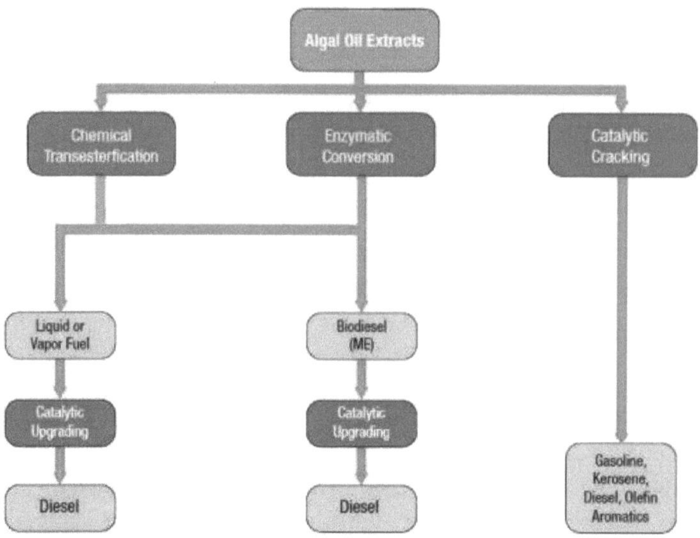

Figura 31: Diagrama das diferentes estratégias de conversão de extractos de algas em biocombustíveis.

13.8 Biodiesel e hidrocarbonetos :

Os óleos vegetais e as gorduras animais são recursos renováveis cuja estrutura química das cadeias lipídicas é semelhante à dos hidrocarbonetos presentes nos "cortes de gasóleo" derivados do petróleo. Para a produção de biodiesel, é fundamental utilizar óleos que não estejam em concorrência direta com a utilização alimentar, como os provenientes de culturas de jatrofa ou de algas.

A produção de biodiesel a partir de óleos de algas tem suscitado um interesse renovado na última década, principalmente devido à notável produtividade de certas espécies produtoras de óleo. De facto, em determinadas condições de deficiência, a biomassa de algas pode conter mais de 50% de lípidos, ao passo que, no caso de plantas como a colza, estes lípidos representam apenas cerca de 6% do total da planta.

No entanto, em condições normais de crescimento, a concentração de triglicéridos nas algas é muito inferior.

Para estimular o armazenamento de carbono sob a forma de reservas lipídicas, é necessária uma deficiência em certos minerais, como o fósforo, o azoto e o silício. Infelizmente, esta deficiência leva a uma redução da taxa de crescimento das algas, o que reduz consideravelmente os rendimentos globais.

Uma espécie de alga, *Botryococcus*, é capaz de produzir hidrocarbonetos de cadeia longa, que não são adequados para a produção de biodiesel, mas podem ser convertidos em bioquerosene. No entanto, *a Botryococcus* tem uma baixa taxa de crescimento, o que limita a sua produtividade, e é muito sensível à concorrência de outros microrganismos, o que constitui um obstáculo adicional à sua utilização em grande escala.

Tabela 5: Comparação de algumas fontes de biomassa para biodiesel.

Cultura	Rendimento em óleo (L/ha)	Área de terreno necessária (M ha) [a]	Percentagem de terras agrícolas existentes nos Estados Unidos [a]

Milho	172	1540	846
Soja	446	594	326
Canola	1190	223	122
Pinhão-manso	1892	140	77
Côco	2689	99	54
óleo de palma	5950	45	24
Microalgas [b]	136 900	2	1,1
Microalgas [c]	58 700	4,5	2,5

[a] Satisfazer 50% das necessidades de combustível para transportes dos Estados Unidos.

[b] 70% de óleo (em peso) na biomassa.

[c] 30% de óleo (em peso) na biomassa.

Embora a investigação se concentre atualmente em espécies de algas ricas em óleo em laboratórios, é essencial avaliar estes processos em maior escala. É necessário ir além das poucas experiências-piloto efectuadas, principalmente nos Estados Unidos, para conseguir uma produção a um custo competitivo. Este custo deve ser compatível com o preço do barril de petróleo, oferecendo ao mesmo tempo um balanço energético favorável e reduzindo as emissões de gases com efeito de estufa em comparação com os agrocombustíveis de primeira geração.

Para além dos desafios técnicos, que estão atualmente a ser resolvidos, os verdadeiros problemas residem no domínio das equações económicas e na capacidade de produzir em grande escala. Para colocar isto em perspetiva, um hectare de cultivo de microalgas pode teoricamente produzir entre 60 e 300 barris de óleo equivalente por ano, em comparação com apenas 7 barris de colza.

Na indústria petrolífera, o milhão de barris é frequentemente utilizado como unidade de medida. Por exemplo, para produzir um milhão de barris de óleo equivalente por ano a partir de microalgas, seria necessária uma área de cultivo entre 1.600 e 3.400 hectares. Em comparação, seriam necessários mais de 140.000 hectares para atingir a mesma produção com colza.

Figura 32: O algaeus, o primeiro automóvel movido a biocombustível de algas a ser legalmente aprovado nos EUA.

Em 2009, o mercado mundial de biodiesel gerou vendas de 8,6 mil milhões de dólares, correspondendo a uma produção de 12 milhões de toneladas equivalentes de petróleo (TOE). Na Europa, este mercado representou 7,8 milhões de TEP, incluindo 2,2 milhões de TEP para França. Tal como a produção europeia, que aumentou 35% nos últimos 20 anos, o mercado do biodiesel continua a crescer em resposta aos desafios ambientais. A Europa fixou para cada Estado-Membro um objetivo de 10% de energias renováveis no consumo energético do sector dos transportes até 2020. As autoridades francesas fixaram o ambicioso objetivo de atingir este objetivo até 2015. Os biocombustíveis líquidos, como o biodiesel, desempenham um papel crucial no cumprimento destes objectivos. A rendibilidade da produção de biocombustíveis está estreitamente ligada ao preço dos combustíveis fósseis, que, por sua vez, está indexado ao preço do petróleo. O petróleo bruto está atualmente avaliado em 0,4 euros/litro, enquanto o óleo de colza custa 1 euro/litro.

Até 2050, prevê-se que o preço do barril de petróleo duplique, passando de 70 para 140 euros, o que permitirá desenvolver progressivamente os sectores de produção de biocombustíveis numa base económica mais sustentável.

13,9 EADS 100% algas :

Em junho de 2010, no Salão Aéreo de Berlim (ILA), a EADS conseguiu uma proeza ao voar um Diamond DA42NG (nova geração) todos os dias com um biocombustível

produzido exclusivamente a partir de algas. Para esta demonstração, foram necessários 100 quilos de algas para extrair 22 litros de óleo, o que permitiu a produção de 21 litros de biocombustível. Durante a sua fase de crescimento, esta quantidade de algas absorveu 182 kg de CO_2, e o biocombustível obtido continha oito vezes menos hidrocarbonetos fósseis do que a parafina derivada do petróleo. Além disso, estes voos resultaram numa economia de combustível de 5 a 10%, sem necessidade de adaptações específicas do motor. A EADS estima que, em 2030, os biocombustíveis poderão representar até 30% dos combustíveis utilizados na aviação.
Atualmente, o consumo mundial de parafina é de 200 milhões de toneladas e prevê-se que aumente para 300 ou 350 milhões de toneladas nos próximos vinte anos. Os 190 países membros da Organização da Aviação Civil Internacional (ICAO) estabeleceram o ambicioso objetivo de limitar as suas emissões relacionadas com a aviação até 2020. No entanto, a disponibilidade de biomassa terrestre para a produção de biocombustíveis é largamente insuficiente para cumprir estes objectivos. Esta limitação realça a importância de desenvolver alternativas, como os biocombustíveis à base de algas, para satisfazer as necessidades crescentes do sector da aviação, respeitando simultaneamente os compromissos ambientais.

13.9.1 Etanol :

O etanol é um biocombustível normalmente produzido a partir de matérias-primas que contêm açúcares ou amido, e algumas algas podem conter mais de 50% de amido. As paredes celulares das algas são constituídas por polissacáridos, que podem ser utilizados como matéria-prima num processo semelhante ao da produção de etanol celulósico. Este processo tem a vantagem adicional de as algas raramente conterem lenhina e de os seus polissacáridos serem geralmente mais fáceis de decompor do que a biomassa lenhosa.
Algumas algas, como *a Chlorella vulgaris* e *a Chlamydomonas perigranulata*, podem produzir etanol e outros álcoois através da auto-fermentação do seu amido. Este processo pode ser conseguido utilizando a fotossíntese para produzir e armazenar amido nas algas, ou alimentando as algas diretamente com açúcares e fermentando anaerobicamente estas fontes de carbono no escuro para produzir etanol. Se o etanol e

outros álcoois pudessem ser extraídos diretamente do meio de cultura das algas, isso reduziria o investimento necessário e o consumo de energia em comparação com outros processos de produção de biocombustíveis a partir de algas.

13.9.2 Biogás :

No que respeita à produção de biogás, a digestão anaeróbia de microalgas é um método altamente promissor de produção de biocombustíveis gasosos. Até à data, é provavelmente o método técnica e economicamente mais avançado de conversão de microalgas em energia. Este método permite colher uma biomassa húmida que pode ser diretamente metanizada por biodigestão, eliminando assim vários dos obstáculos responsáveis pelos elevados custos associados aos biocombustíveis de algas, como a secagem, a extração e a conversão em combustível. Esta abordagem é particularmente eficaz para o tratamento integrado de águas residuais, onde as algas são cultivadas em condições não controladas, utilizando estirpes não optimizadas para a produção de lípidos.

13.9.3 Hidrogénio (H_2) :

O di-hidrogénio (H_2), considerado o combustível limpo do futuro, apresenta grandes desafios em termos de produção. As tecnologias para a produção biológica de di-hidrogénio, como o hidrogénio fotossintético, a foto-fermentação e a fermentação obscura, oferecem perspectivas interessantes.

A produção de hidrogénio a partir de microalgas é particularmente promissora, uma vez que poderia capturar o CO_2 e transformá-lo em biomassa, produzindo simultaneamente hidrogénio a partir da luz solar, do CO_2 e da água. No entanto, é necessário ultrapassar desafios tecnológicos importantes antes de este método poder ser considerado viável em grande escala, nomeadamente melhorar a produção de $H_{(2)}$ e dissociar esta produção das condições de stress para as algas.

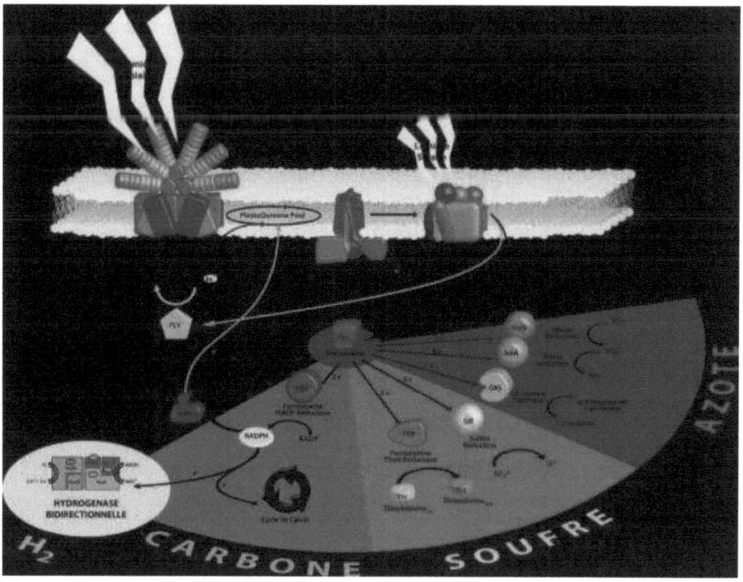

Figura 33: Os vários metabolismos vitais das algas, que dependem da fotossíntese, competindo com a produção de dihidrogénio fotossintético.

O futuro da produção biológica de hidrogénio depende de vários factores-chave. Por um lado, os progressos científicos, como a melhoria da eficiência utilizando microalgas geneticamente modificadas ou o desenvolvimento de fotobiorreactores avançados, desempenharão um papel crucial. Estas tecnologias têm o potencial de aumentar a capacidade das microalgas para produzir hidrogénio, minimizando simultaneamente os custos de produção. No entanto, o progresso científico, por si só, não será suficiente para garantir a viabilidade deste sector.

As considerações económicas são também essenciais. A produção de hidrogénio a partir de microalgas deve ser competitiva em relação a outros métodos de produção de hidrogénio, como a reforma do metano ou a eletrólise. Os custos de produção, desenvolvimento de infra-estruturas e manutenção devem ser acessíveis para que esta tecnologia possa ser adoptada em grande escala.

A aceitação social é outro fator-chave. A sociedade terá de ser informada e convencida dos benefícios ambientais e económicos do hidrogénio produzido a partir de microalgas. Isto inclui campanhas de sensibilização sobre a importância das energias renováveis e os benefícios específicos das microalgas como fonte de hidrogénio limpo. O desenvolvimento de uma infraestrutura sólida de hidrogénio em todo o país é essencial. Isto inclui a criação de redes de distribuição, estações de reabastecimento e sistemas de armazenamento de hidrogénio. Sem infra-estruturas adequadas, mesmo as tecnologias mais eficientes de produção de hidrogénio correm o risco de ficar subutilizadas

Ao mesmo tempo, as microalgas poderiam ser integradas em processos industriais existentes, como a produção de hidrogénio através da reforma do metano. Neste contexto, uma cultura de microalgas poderia ser utilizada para capturar o CO_2 emitido pelo processo, reduzindo assim a pegada de carbono global. Além disso, a biomassa de algas resultante poderia ser utilizada para produzir biogás, que poderia então ser reintroduzido no processo de reforma, criando um ciclo de produção de biomassa e biogás mais sustentável.

13.9.4 Bioeletricidade :

No que diz respeito à bioeletricidade, embora seja possível a co-combustão de biomassa de algas em centrais eléctricas, este método não é geralmente considerado economicamente viável. O processo de secagem da biomassa é intensivo em energia, o que reduz a eficiência global deste método de recuperação. Esta opção poderia, no entanto, ser considerada em casos específicos em que a biomassa já necessite de ser seca por outras razões, como a extração de co-produtos valiosos. No entanto, em geral, esta abordagem não é de grande interesse em comparação com outros métodos de valorização da biomassa de algas.

13.9.5 Ambiente :

As microalgas estão a ser utilizadas no sector ambiental como parte de uma estratégia de controlo da poluição destinada a transformar resíduos em recursos valiosos. Por exemplo, são utilizadas para tratar águas residuais ricas em nitratos e fosfatos, para purificar efluentes gasosos contendo CO_2 e vários óxidos como NOx e SOx, e também oferecem soluções potenciais para a bioremediação de sítios poluídos.

13.10 Tratamento de efluentes :

O tratamento de efluentes com microalgas é uma prática que data de há várias décadas. Este método, conhecido como lagooning, baseia-se num sistema extensivo de purificação de águas residuais que imita o processo natural de biodegradação num ambiente aquático. As microalgas desempenham um papel fundamental neste método, absorvendo nutrientes e facilitando a degradação dos poluentes, ajudando assim a limpar a água.

13.11 Princípio de funcionamento da lagoa :

O princípio de funcionamento da lagoa baseia-se numa série de fases sucessivas destinadas a tratar naturalmente as águas residuais. Antes da entrada da água no primeiro tanque, é efectuado um pré-tratamento para otimizar a eficácia das fases seguintes. Neste primeiro tanque, as bactérias desempenham um papel crucial na eliminação da matéria orgânica, transformando-a em sais minerais e gases. Estes elementos são depois recuperados no segundo tanque pelas microalgas, que utilizam estes sais minerais e gases para o seu desenvolvimento. O fitoplâncton assim formado é consumido nos tanques seguintes pelo zooplâncton. Após um ciclo completo de 80 dias, a água tratada está pronta para ser descarregada na lagoa de Thau. O azoto e o fósforo presentes nos efluentes são absorvidos pelas microalgas para produzir energia. Os efluentes agrícolas, como o chorume e o estrume, bem como os da indústria agroalimentar, que são ricos em azoto e fósforo, podem ser reciclados desta forma.
O tratamento destes efluentes reduz o teor de azoto da água, limitando assim a quantidade de azoto que pode ser espalhada nas terras agrícolas, em conformidade com o Código de Boas Práticas Agrícolas, que fixa este limite em 170 kg por hectare.

13.12 O mercado do CO_2 :

O mercado do CO_2 é particularmente relevante no contexto das indústrias com elevadas emissões, como as centrais térmicas, as cimenteiras e as refinarias. Estas instalações são fontes importantes de dióxido de carbono (CO_2) e as microalgas, ao absorverem este carbono para produzir energia, oferecem não só benefícios ambientais mas também oportunidades económicas às empresas poluidoras. Em França, mais de 1160 instalações industriais estão abrangidas pelo sistema de quotas introduzido pelo Protocolo de Quioto, que visa reduzir as emissões de carbono à escala europeia. Entre 2008 e 2012, foi atribuído às empresas francesas um total de 132 milhões de toneladas de CO_2. No âmbito do regime de comércio de licenças de emissão da UE (ETS), o preço atual de uma tonelada de carbono excedentária é de 13 euros. Se todos os fabricantes franceses vendessem os seus créditos de carbono, as receitas potenciais seriam de 1,716 mil milhões de euros. O mercado da captura e armazenamento de CO_2 está estreitamente ligado à tecnologia utilizada, com um custo médio atualmente estimado entre 25 e 50 euros por tonelada.

13.13 Bioremediação de sítios poluídos :

A bioremediação de sítios poluídos representa outro aspeto crucial da utilização de microalgas. Investigações recentes demonstraram que os locais contaminados por hidrocarbonetos albergam consórcios de cianobactérias capazes de degradar os componentes do petróleo. Estas cianobactérias facilitam os processos de degradação, fornecendo bactérias associadas que, com o oxigénio e o azoto necessários, degradam eficazmente o petróleo. Na Europa, a descontaminação dos solos, principalmente de produtos petrolíferos, gerou um mercado de 30 mil milhões de euros nos últimos dez anos.

13.14 Química verde :

13.14.1 A indústria química :

A indústria química, que depende fortemente do petróleo fóssil para a extração de produtos químicos, plásticos e combustíveis, começa a explorar alternativas biológicas. Apesar de algumas semelhanças entre a indústria dos combustíveis e a indústria química, como o baixo custo das matérias-primas fósseis e a utilização de hidrocarbonetos, a substituição destes recursos por produtos de origem biológica está ainda numa fase inicial devido à sua especificidade e ao seu custo, que é ainda demasiado elevado.

Com um volume de vendas de 85,8 mil milhões de euros e 182 140 trabalhadores, a indústria química francesa é o 5º maior produtor e o 3º maior exportador do mundo. Na Europa, ocupa o 2° lugar a seguir à Alemanha, representando 15% das vendas europeias de produtos químicos. As vendas de exportação totalizam 44,6 mil milhões de euros. No âmbito do Fórum Grenelle para o Ambiente, a indústria química francesa comprometeu-se a aumentar a utilização de matérias-primas de origem vegetal dos actuais 5% a 8% para 15% até 2017, com um objetivo de 50% até 2050, apoiando assim o desenvolvimento da química verde.

Há uma série de produtos especializados e produtos químicos que podem ser derivados de microalgas, que podem ser utilizados no domínio da química verde. Estes incluem biofloculantes, biopolímeros, sintões, plásticos biodegradáveis, lípidos, surfactantes e polissacáridos. Alguns projectos estão ainda na fase de investigação e desenvolvimento, como a produção de bioplásticos que incorporam microalgas (Cereplast, EUA) ou a produção de tintas com base em moléculas extraídas de microalgas (Algicoat, Países Baixos).

13.14.2 Bioplásticos :

As cianobactérias, nomeadamente a spirulina, constituem um exemplo prometedor de aplicação biotecnológica na produção de bioplásticos. Estes microrganismos têm a capacidade de acumular polihidroxialcanoatos, polímeros que podem substituir os plásticos petroquímicos não biodegradáveis.

O mercado global de bioplásticos foi estimado em 1,1 mil milhões de euros em 2015, com uma procura projectada de 2 milhões de toneladas, ou seja, 5 mil milhões de euros, até 2018. Na Europa, prevê-se que a procura anual de bioplásticos atinja 5 milhões de toneladas até 2020. A BASF, o principal interveniente europeu no mercado, prevê um crescimento anual de 20% para os bioplásticos e os plásticos biodegradáveis nos próximos anos. Esta tendência é confirmada por um relatório da Associação Europeia de Bioplásticos, que prevê um aumento de 6,5 vezes no volume do mercado de bioplásticos entre 2007 e 2013.

13.14.3 Agro-surfactantes :

Os tensioactivos são moléculas anfifílicas compostas por uma parte hidrofílica e uma parte hidrofóbica. Devido às suas propriedades humectantes, solubilizantes, detergentes e emulsionantes, são amplamente utilizados em detergentes domésticos e industriais, bem como em cosméticos. Em 2008, o mercado mundial de tensioactivos totalizou 10 milhões de toneladas, das quais 2,5 milhões na Europa e 0,4 milhões em França. Só em França, o sector da lipoquímica gerou vendas de 3,7 mil milhões de euros nesse mesmo ano. Numa perspetiva de desenvolvimento sustentável, e tendo em conta as restrições impostas pela diretiva REACH, que impõe a retirada de certos produtos químicos do mercado, os fabricantes recorrem cada vez mais aos agro-surfactantes derivados de matérias-primas vegetais para substituir os surfactantes de origem petroquímica. Estima-se que o mercado de agro-surfactantes, no qual a Rhodia é líder, cresça 7,5% nos períodos de 2005-2015 e 2015-2030.

As cadeias de carbono derivadas de microalgas representam uma nova fonte potencial para o fabrico de bioplásticos e agro-surfactantes, complementando as derivadas de plantas terrestres. No entanto, para promover a utilização de microalgas nestas aplicações, será essencial adaptar os processos de cultivo, colheita e transformação para garantir um balanço de carbono neutro ou mesmo negativo.

13.15 Conclusão :

Atualmente, é difícil determinar com precisão a quota de mercado que cada sector potencial poderia ocupar na aplicação das microalgas. Esta incerteza reside principalmente na expetativa de que a produção de biomassa seja estável, de alta qualidade e economicamente viável, um objetivo que ainda não foi totalmente alcançado. Até à data, as aplicações mais avançadas situam-se em nichos de mercado caracterizados por uma produção anual limitada a alguns quilos ou toneladas, mas com um valor acrescentado muito elevado, como a cosmética, a farmacêutica e a nutracêutica, tanto para consumo animal como humano. O mercado intermédio, que poderia servir de trampolim para um desenvolvimento em maior escala, é o da alimentação animal, nomeadamente para a piscicultura, em que as microalgas poderiam substituir as farinhas e os óleos de peixe.

Para visar os mercados de massa, como o dos combustíveis e o dos produtos químicos, é essencial que a indústria das microalgas se organize em torno de um objetivo central: a redução dos custos de produção. Isto significa também garantir um abastecimento estável de quantidades significativas de microalgas, o que é essencial para que estes sectores se desenvolvam e se tornem economicamente viáveis em grande escala.

14. Regulamentos :

Tal como acontece com todos os outros recursos naturais utilizados para fins industriais, a utilização de microalgas está sujeita a um quadro regulamentar rigoroso.

14.1 Alimentação eléctrica :

As autorizações para a utilização de microalgas em géneros alimentícios humanos são regidas pelo procedimento CE 258/97 sobre "Novos Alimentos" (Jornal Oficial das Comunidades Europeias, 27/01/1997). Este regulamento europeu, também conhecido como o Regulamento dos Novos Alimentos, aplica-se a alimentos e ingredientes alimentares compostos ou isolados a partir de microrganismos, fungos ou algas.

É particularmente relevante para as algas marinhas que não têm um historial comprovado de consumo tradicional num Estado-Membro da União Europeia. Nestes casos, deve ser apresentado um pedido de autorização para a utilização destas algas como alimento ou ingrediente alimentar, em conformidade com as disposições do regulamento CE acima referido.

É importante notar que a autorização não diz respeito apenas à espécie em causa, mas também ao seu método de produção (por exemplo, pistas exteriores, ambientes marinhos naturais ou condições específicas). Por conseguinte, qualquer alteração do método de produção exige a apresentação de um novo processo para demonstrar que o produto obtido é "equivalente" ao inicialmente autorizado.

Atualmente, apenas três microalgas são autorizadas para consumo humano na União Europeia. A primeira é a *Arthrospira platensis*, vulgarmente conhecida por spirulina, autorizada na Europa desde 1981. Em 2002, a diatomácea *Odontella aurita* recebeu um parecer favorável da AFSSA na sequência de um pedido de equivalência substancial apresentado pela Innovalg, o que permitiu a sua autorização como ingrediente alimentar. Finalmente, em 2004, a França autorizou a utilização de *Chlorella vulgaris*, uma alga marinha pertencente à família das clorofíceas.

Devemos também mencionar dois extractos de microrganismos marinhos (que, em rigor, não são microalgas mas sim fungos marinhos) autorizados a nível europeu:

- ✓ O óleo extraído de *Schizochytrium sp.*, que contém um elevado nível de DHA (32% DHA), obteve uma autorização de comercialização ao abrigo do Regulamento (CE) n.º 258/97 da Comunidade Europeia em 2003.
- ✓ O óleo extraído de *Ulkenia sp.* (32% DHA) foi também aprovado para utilização em alimentos em 2009.
- ✓ Dois pigmentos extraídos de algas marinhas são igualmente autorizados como aditivos na categoria dos corantes ao abrigo da regulamentação comunitária:
- ✓ O β-caroteno (E160a) da microalga *Dunaliella salina* é autorizado para consumo humano.
- ✓ A astaxantina (E161j), extraída da microalga *Haematococcus pluvialis*, é utilizada principalmente na alimentação de peixes como a truta e o salmão, mas já era comercializada sob a forma de extractos titulados em suplementos alimentares na Europa antes de 1997.

14.2 Em cosméticos :

Atualmente, não existe regulamentação específica para as algas no sector dos cosméticos. A utilização de microalgas deve, por conseguinte, respeitar as restrições regulamentares existentes e as recomendações oficiais aplicáveis aos produtos cosméticos. Isto inclui o cumprimento das alegações autorizadas, as certificações necessárias, as recomendações decorrentes dos regulamentos REACH e as nomenclaturas específicas dos cosméticos.

Para desenvolver a regulamentação neste domínio, vários países europeus uniram esforços para propor boas práticas de fabrico através da norma ISO 22 716. Estes esforços têm também como objetivo estabelecer uma regulamentação mais rigorosa para os produtos cosméticos, que deverá entrar em vigor em julho de 2013 ao abrigo do regulamento REACH (CE n.º 1223/2009).

Além disso, as normas ISO/TC 217 e ISO/NP 16 128 foram desenvolvidas para definir os critérios técnicos e as definições dos chamados ingredientes e produtos "naturais" e "orgânicos" nos cosméticos. Estas normas têm como objetivo fornecer um quadro mais preciso para a utilização de ingredientes de origem natural, como as microalgas, na indústria cosmética.

Quadro 6: Exemplos de nomenclatura INCI para extractos cosméticos à base de microalgas.

Nome INCI	**CAS NO.**	**Nome químico / IUPAC**
Extrato *de Chlorella emersonii*	223749-78-8	O extrato *de Chlorella emersonii* é um extrato da alga *Chlorella emersonii*, Oocystaceae.
Extrato *de Chlorella*	N/A	*Chlorella* ferment é um extrato do produto resultante da fermentação de *Chlorella* por leveduras.
Extrato *de Chlorella pyrenoidosa*	223749-81-3	O extrato *de Chlorella pyrenoidosa* é um extrato da planta *Chlorella pyrenoidosa*, Oocystaceae.

Extrato de *Chlorella vulgaris*	223749-83-5	O extrato *de Chlorella vulgaris* é um extrato da alga *Chlorella vulgaris*, Oocystaceae.
Extrato de *Porphyridium cruentum*	223751-77-7	O extrato *de Porphyridium cruentum* é um extrato de *Porphyridium cruentum*, uma alga marinha.
Extrato de zinco *de Porphyridium*	N/A	*O Porphyridium* / Zinc ferment é um extrato do produto da fermentação *do Porphyridium* na presença de iões de zinco.
Extrato de *Spirulina maxima*	N/A	O extrato de *Spirulina maxima* é um extrato das folhas *de Spirulina*, *Spirulina maxima*, Cyanophyceae.
Extrato de *Spirulina platensis*	223751-80-2	O extrato de *Spirulina platensis* é um extrato da alga *Spirulina platensis*, Cyanophyceae.

Uma descrição geral do extrato cosmético é tudo o que é necessário para introduzir extractos derivados de microalgas em produtos de beleza, sem a obrigação de especificar as espécies de algas utilizadas para produzir o extrato. Esta prática é facilitada pela nomenclatura INCI (International Nomenclature of Cosmetic Ingredients), iniciada em 1973 pela C.T.F.A. (Cosmetic, Toiletry and Fragrance Association) e tornada obrigatória na Europa em 1998. Esta nomenclatura informa os consumidores sobre a composição dos ingredientes, enumerados por ordem decrescente de concentração, sob nomes reconhecidos internacionalmente.

É também importante mencionar a existência da COSMED, uma associação dedicada a apoiar os fabricantes nos seus procedimentos regulamentares, que desempenha um papel crucial na garantia de que os produtos cosméticos cumprem as normas actuais.

14.3 Em termos mais gerais :

O relatório conjunto da AFSSA e da AFSSET publicado em 2006 sobre a "Avaliação dos riscos para a saúde associados à presença de cianobactérias na água" abordou igualmente os riscos associados ao consumo de certos suplementos alimentares que contêm cianobactérias.
O relatório alerta, em particular, para a utilização de produtos à base de Aphanizomenon flos-aquae var. flos-aquae, que são por vezes comercializados na Europa como equivalentes de spirulina. Verificou-se que alguns lotes destes produtos continham concentrações superiores a 2 µg de microcistinas por grama, o que representa um risco para a saúde.
Organismos como a Organização Mundial de Saúde (OMS) recomendam um controlo mais rigoroso dos complementos alimentares à base de microalgas e cianobactérias, a fim de evitar qualquer confusão entre as espécies e evitar contaminações que possam levar à exposição dos consumidores a cianotoxinas ou a ficotoxinas. Estudos realizados por organizações de saúde identificaram os recursos disponíveis para realizar estes controlos, não só na água potável e nas águas balneares, mas também, indiretamente, nos suplementos alimentares.
Eventualmente, estas diretivas sanitárias poderiam também ser alargadas aos controlos do cultivo de microalgas e cianobactérias em sistemas de produção semi-controlados, mesmo para aplicações não alimentares ou não farmacêuticas. O objetivo seria evitar a propagação de estirpes produtoras de toxinas no ambiente de trabalho, garantindo assim a segurança dos operadores de culturas de microalgas, bem como a prevenção de qualquer poluição do ambiente natural.

CAPÍTULO 3: MACROALGAS

1. Introdução :

As macroalgas são consumidas há milhares de anos na Ásia, nomeadamente no Japão, onde os primeiros vestígios da sua utilização na alimentação remontam ao século IV, tendo também sido utilizadas na medicina tradicional chinesa. Na Europa e na América, algumas populações costeiras utilizavam-nas já na Idade Média. Atualmente, as macroalgas são utilizadas principalmente na alimentação humana em todo o mundo. No entanto, na Europa, são consideradas mais como uma matéria-prima para a indústria. No século XVI, eram utilizadas no fabrico de vidro e, no século seguinte, surgiu um decreto de Colbert que regulamentava o corte de algas. A partir do século XIX, as algas encontram o seu lugar na indústria farmacêutica, nomeadamente com a extração de iodo utilizado como antissético. Depois, no início do século XX, foram integradas na indústria dos colóides com a extração de alginatos e carrageninas. Em França, o consumo de algas marinhas começou a ser mais intenso no final dos anos 70, impulsionado pelos consumidores vegetarianos e macrobióticos e pela chegada de populações asiáticas migrantes. Nessa altura, as algas eram principalmente importadas da Ásia, mas os empresários da Bretanha souberam tirar partido da abundância de algas da Bretanha para propor produtos transformados à base de algas locais. A partir dos anos 80, foram organizadas empresas para a colheita e transformação de algas para diversas aplicações. A produção mundial de macroalgas é atualmente de 14,3 milhões de toneladas brutas, principalmente sob a forma de algas inteiras pré-secas no local até 70% de matéria seca. O mercado da biomassa de macroalgas, estimado em 8 mil milhões de dólares, registou um crescimento significativo, sobretudo na última década, em grande parte devido à entrada da China na competição com o desenvolvimento de vastas instalações de aquicultura. Atualmente, 90% da produção mundial provém da aquicultura, 70% da qual é realizada na China, representando 10,1 milhões de toneladas no valor de 5,2 mil milhões de dólares americanos. O resto da produção mundial também se concentra na Ásia, com as Filipinas (1,5 milhões de toneladas), a Indonésia (0,91 milhões de toneladas), a República da Coreia (0,77 milhões de toneladas) e o Japão (0,49 milhões de toneladas). O Japão é o segundo maior produtor mundial de plantas aquáticas em termos de valor, graças à sua produção de Nori (*Porphyra sp.*), uma alga marinha com um elevado valor de mercado, estimado em 1,1 mil milhões de dólares americanos.

A alga konbu (*Laminaria japonica*), com 4,9 milhões de toneladas, é a alga mais cultivada, seguida do wakame (*Undaria pinnatifida*) com 2,4 milhões de toneladas e do nori (Porphyra sp.) com 1,5 milhões de toneladas.

A França ocupa o 9º lugar no mundo, com uma produção anual de cerca de 90 000 toneladas, o que a torna o segundo maior produtor europeu, atrás da Noruega, com 150 000 toneladas. A produção e a transformação de algas em França concentram-se quase exclusivamente na Bretanha, nomeadamente no Finistère e nas Côtes d'Armor, onde se encontram os maiores bancos de algas da Europa. Em média, são colhidas 70 000 toneladas de algas por ano, na sua maioria algas selvagens e sobretudo algas castanhas para o mercado do alginato. As macroalgas marinhas são um recurso global, com fluxos significativos de importação e exportação. Embora a China seja o maior produtor, é também um grande importador. A Europa tende gradualmente a importar os seus recursos de algas de outras regiões do mundo, enquanto os países da América do Sul e do Sudeste Asiático se posicionam sobretudo como produtores de biomassa e grandes exportadores.

As macroalgas são utilizadas na produção de géneros alimentícios e de alimentos para animais, bem como de produtos químicos, cosméticos e farmacêuticos. Embora a produção se concentre principalmente nos países asiáticos, os Estados Unidos, o Canadá e vários países europeus, incluindo a França, a Irlanda, o Reino Unido (Escócia, Irlanda do Norte e País de Gales), a Alemanha, a Noruega, os Países Baixos e a Dinamarca, estão a tentar estabelecer culturas de algas em grande escala.

Quadro 7: Produção mundial de macroalgas.

País	**Produção (milhões de toneladas)**	**Valor (milhares de milhões de dólares americanos)**	**Comentários**
China	10,1	5,2	70% da produção mundial
Filipinas	1,5	-	Concentração na Ásia

Indonésia	0,91	-	Concentração na Ásia
República da Coreia	0,77	-	Concentração na Ásia
Japão	0,49	1,1	O segundo maior produtor mundial em termos de valor, graças ao Nori
Noruega	0,15	-	O maior produtor europeu
França	0,09	-	O segundo maior produtor da Europa

2. Caraterísticas das macroalgas :

2.1 Diversidade de famílias e espécies :

As macroalgas, embora não tenham valor taxonómico formal, referem-se geralmente a todos os organismos aquáticos multicelulares fotossintéticos, com exceção das plantas terrestres, conhecidas como Embriófitas. O termo engloba uma vasta gama de organismos, distintos das microalgas, e é importante notar que os procariotas fotossintéticos, como as cianobactérias, frequentemente referidas como algas azuis-verdes, não são consideradas algas no sentido estrito. As macroalgas encontram-se em várias linhagens evolutivas independentes, incluindo na base da linhagem das plantas terrestres, que descendem de uma alga verde. De acordo com a filogenia nuclear dos eucariotas, as algas verdes e vermelhas partilham um antepassado comum, enquanto as algas castanhas resultam de uma endossimbiose secundária envolvendo uma alga vermelha, que deu origem ao plastídio das algas castanhas. As três principais linhagens de macroalgas, resultado de uma história evolutiva complexa, são as Chlorophytes (algas verdes), as Rhodoplantae (algas vermelhas) e as Phaeophyceae (algas castanhas).

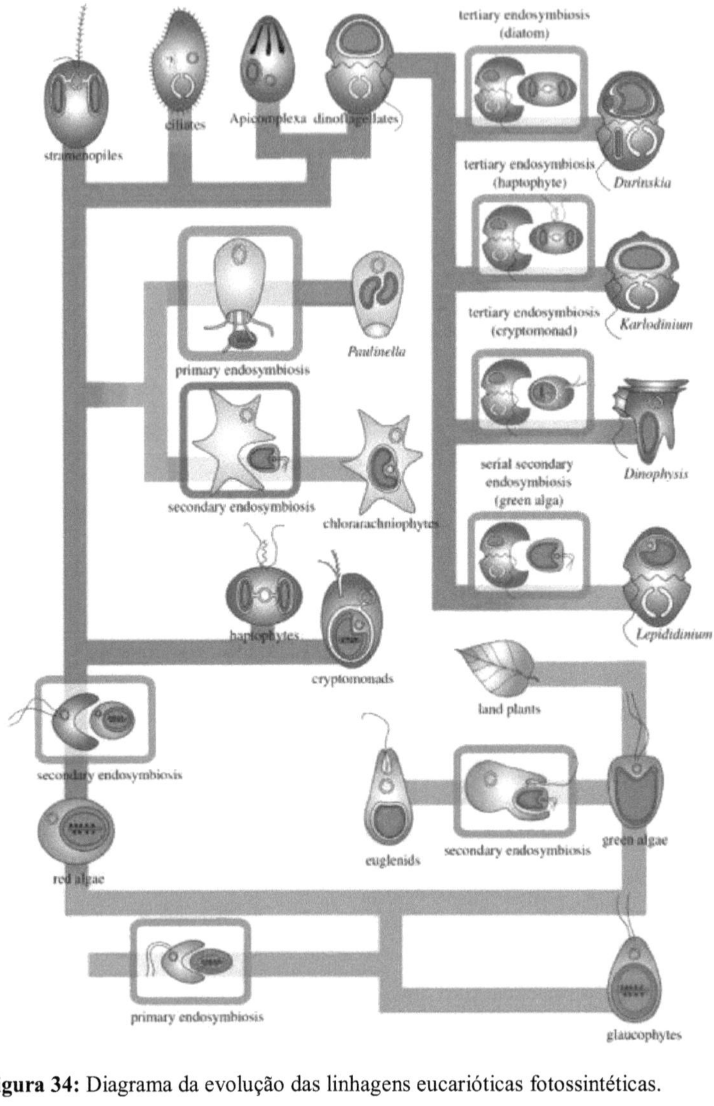

Figura 34: Diagrama da evolução das linhagens eucarióticas fotossintéticas.

Atualmente, existem cerca de 1 800 espécies de macroalgas castanhas, quase 6 000 espécies de macroalgas vermelhas e cerca de 1 200 espécies de macroalgas verdes. Estas macroalgas representam um vasto grupo de organismos distintos das plantas terrestres, as embriófitas, e possuem uma grande diversidade de metabolismos, alguns dos quais raros ou mesmo ausentes em animais, plantas, fungos ou microrganismos. São, por conseguinte, recursos biológicos valiosos que permanecem relativamente inexplorados.

2.2 Biologia, estilo de vida e reprodução :

As macroalgas desempenham um papel crucial nos ecossistemas costeiros, onde contribuem para uma elevada diversidade genética e podem colonizar uma grande variedade de habitats. Por vezes, formam coberturas densas e extensas, como as "florestas" de algas, que constituem ecossistemas particularmente ricos e produtivos. Estes organismos caracterizam-se igualmente pelos seus ciclos reprodutivos complexos e variados, que podem ser difíceis de controlar. Estes ciclos envolvem uma sucessão de diferentes fases, incluindo gametófitos haplóides e esporófitos diplóides. Algumas espécies de macroalgas apresentam fases haplóides e diplóides morfologicamente muito distintas, com fases macroscópicas que podem ter vários metros de comprimento e fases microscópicas livres constituídas por apenas algumas células. Para aumentar a complexidade, estes ciclos reprodutivos incluem frequentemente ciclos de partenogénese e podem também incluir modos de reprodução assexuada através do desenvolvimento de esporos mitóticos ou meióticos.

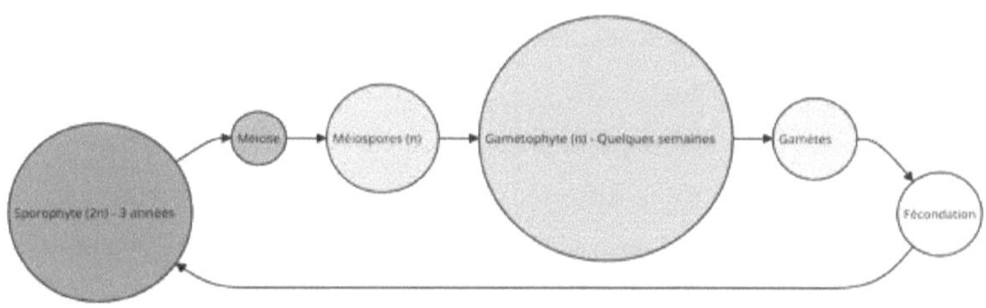

Figura 35: O ciclo reprodutivo da alga castanha *Laminaria digitata*.

A presença de um substrato, seja ele natural ou artificial, é crucial para o crescimento da biomassa de algas. No seu ambiente natural, as macroalgas crescem principalmente em substratos rochosos, onde formam uma vegetação estável, perene e com várias camadas, capturando quase todos os fotões disponíveis. As algas dos litorais rochosos fixam-se firmemente às rochas ou aos seixos através de espigões robustos e podem crescer a profundidades de 50 a 75 metros. No entanto, a sua abundância diminui rapidamente para além dos 30 metros, uma vez que a radiação necessária para a fotossíntese é absorvida pela água do mar. Estas algas incluem espécies gigantes como as kelps, algumas das quais podem atingir 50 metros de comprimento, consoante a espécie e as condições ambientais. Como todas as plantas clorofiladas, a fotossíntese permite às algas fixar o carbono, atmosférico ou dissolvido na água, utilizando a energia luminosa para produzir biomassa. As algas utilizam vários pigmentos de clorofila que lhes permitem captar fotões de diferentes comprimentos de onda, optimizando a sua capacidade de fotossíntese em diversas condições de luminosidade.

2.3 Composição bioquímica :

A composição bioquímica das macroalgas varia consideravelmente consoante a espécie, a estação do ano e as condições de crescimento ou de stress. A maioria dos compostos bioactivos identificados provém de algas castanhas e vermelhas, enquanto as algas verdes continuam a ser uma área relativamente inexplorada. O interesse pelas macroalgas reside em grande parte na presença de três grandes categorias de componentes: fibras, minerais e proteínas, bem como metabolitos com propriedades antioxidantes e anti-radicais livres, tais como carotenóides, polifenóis, vitaminas e ácidos gordos polinsaturados.

Uma caraterística particular das macroalgas, ligada à sua origem marinha, é o seu elevado teor em minerais e oligoelementos. Absorvem uma quantidade excecional de minerais da água do mar, que pode atingir 40% da sua massa seca, nomeadamente no caso das algas castanhas. Estes elementos incluem macroelementos como o sódio, o cálcio, o magnésio, o potássio, o cloro, o enxofre e o fósforo, bem como oligoelementos como o iodo, o ferro, o zinco, o cobre, o selénio e o molibdénio, entre outros.

Em particular, o teor de iodo das macroalgas é excecional, com algumas espécies como as algas castanhas e as gracilárias (algas vermelhas) a conterem até 10 000 mg/kg.

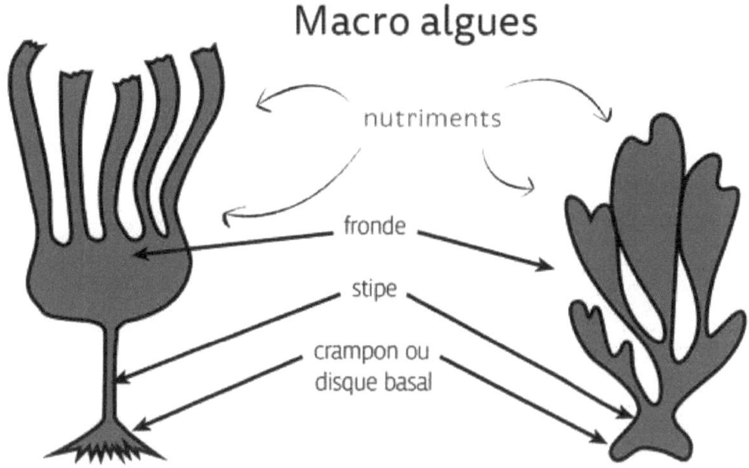

Figura 35: Representação esquemática de uma macroalga fucal castanha.

O teor de proteínas varia de espécie para espécie. As algas castanhas têm um teor de proteínas relativamente baixo (5-11% da matéria seca), enquanto algumas algas vermelhas podem atingir 30-40% da matéria seca em proteínas. As algas verdes, que ainda não são muito exploradas, também têm um teor significativo de proteínas, atingindo 20% da matéria seca, e até 40% em ambientes ricos em azoto. Entre as proteínas encontradas nas algas, as ficobiliproteínas são particularmente importantes como pigmentos envolvidos na recolha de energia luminosa e têm propriedades antioxidantes.

O teor de lípidos das macroalgas adultas é geralmente baixo, entre 1 e 5% da matéria seca. No entanto, quando as macroalgas são mantidas como gametófitos, o seu teor em lípidos pode atingir várias dezenas de percentagem, comparável ao do fitoplâncton. Em termos qualitativos, os lípidos das algas contêm uma elevada proporção de ácidos gordos essenciais, particularmente ácidos gordos polinsaturados nas algas vermelhas.

Por exemplo, o ácido gordo ómega 3 EPA representa 50% dos ácidos gordos polinsaturados em *Porphyra sp.* e *Palmaria palmata*.

Além disso, as macroalgas contêm esteróis em quantidades semelhantes às encontradas nas plantas terrestres, bem como carotenóides únicos como a fucoxantina, que possui propriedades antioxidantes muito procuradas.

A composição vitamínica das macroalgas é também interessante, embora sujeita a variações sazonais e influenciada pelo processo de tratamento das algas. São ricas em provitamina A nas algas vermelhas, em vitamina C nas algas castanhas e verdes e em vitamina E nas algas castanhas. Ao contrário das plantas terrestres, as algas marinhas contêm quantidades significativas de vitamina B12.

A maior parte das macroalgas marinhas contém igualmente polifenóis, denominados florotaninos, que constituem um grupo muito heterogéneo de moléculas, oferecendo uma vasta gama de actividades biológicas potenciais. Os teores mais elevados encontram-se nas algas castanhas, onde representam entre 5 e 20% do peso seco. Os carotenóides, presentes em média a 0,1% do peso seco, são também poderosos antioxidantes, com teores particularmente elevados nas algas castanhas. Por último, as macroalgas caracterizam-se pelo seu elevado teor de polissacáridos específicos, como os ficocolóides, que representam entre 18 e 45% do peso seco das algas castanhas. Estes polissacáridos, não digeríveis e ausentes nas plantas terrestres, incluem os alginatos, as carrageninas e os ágares, bem como outros polímeros como os xilanos, os fucanos, os laminaranos e os ulvanos. Desempenham um papel crucial na estrutura e armazenamento das células, e os hidrocolóides derivados de macroalgas são atualmente os principais produtos industriais derivados destes organismos.

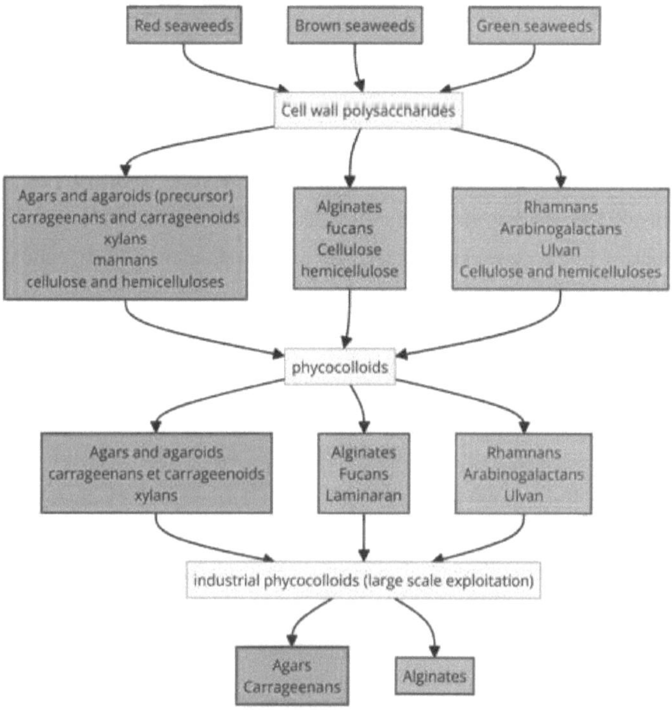

Figura 37: Principais colóides presentes em cada família de espécies.

Os colóides industriais derivados de macroalgas desempenham um papel essencial em vários sectores. Eis um resumo dos principais sectores:

Alginatos: Os alginatos são polissacáridos extraídos principalmente das algas castanhas, nomeadamente das algas, mas também de certos fungos como a *Himanthalia elongata* e *o Ascophyllum nodosum*. Descobertos por Stanford em 1881, no âmbito de desenvolvimentos industriais ligados à produção de iodo a partir de algas castanhas, a produção industrial de alginatos começou a sério no Reino Unido e nos Estados Unidos na década de 1930.

Estes polímeros, que constituem uma grande parte da parede celular de uma grande variedade de espécies de algas castanhas, incluindo *Laminaria*, *Ascophyllum* e *Macrocystis*, desempenham um papel estrutural importante. Estão envolvidos na manutenção da resistência mecânica, na adesão das células e dos tecidos, na morfogénese, no desenvolvimento, na hidratação e na proteção das algas.

Os alginatos são compostos por uma cadeia de dois ácidos hexurónicos: o ácido ß-D-manurónico e o ácido α-L-gulurónico. A sua composição química varia consoante as espécies de algas, as diferentes partes da planta e as estações do ano. No entanto, graças a uma rigorosa seleção das matérias-primas, é possível produzir alginatos com caraterísticas constantes. Estes polímeros distinguem-se pela ausência de sulfatação e pela sua baixa polaridade.

Os alginatos têm uma vasta gama de propriedades técnicas, tornando-os versáteis como texturizantes, espessantes, agentes gelificantes, estabilizadores, crioprotectores (particularmente para alimentos congelados) e películas comestíveis. As suas propriedades gelificantes dependem do método de reticulação, bem como do conteúdo e da sequência dos monómeros de ácido hexurónico. Por exemplo, os blocos de homopolímeros poligulurónicos são particularmente adequados para gelificar na presença de cálcio, produzindo géis de alginato de cálcio que são duros e estáveis ao calor. Utilizados como aditivos alimentares (E400 a E405), os alginatos podem ser utilizados para reconstruir alimentos, nomeadamente frutos. Os géis de ácido algínico são macios, elásticos e fusíveis, e podem substituir a gelatina.

Na água, os alginatos alcalinos formam soluções coloidais viscosas, enquanto o alginato de cálcio, tal como o próprio ácido algínico, é insolúvel. O alginato de sódio é muito solúvel em água, enquanto o alginato de cálcio só é solúvel num meio básico. Os alginatos podem também ser convertidos pela indústria química em alginatos de hidroxipropilo (ou alginatos de propilenoglicol, PGA), que são utilizados como emulsionantes e estabilizadores de emulsões de óleo em água, nomeadamente em molhos e temperos prontos a usar.

Carrageninas: As carrageninas são polissacáridos extraídos de algas vermelhas, em particular de Chondrus crispus, uma alga marinha também conhecida como "musgo irlandês", originária do condado de Carragheen, na Irlanda. Historicamente, esta alga era utilizada no fabrico de pomadas e cremes.

Durante a colonização da América do Norte, no XVIII, os irlandeses descobriram que esta alga também crescia na costa de Massachusetts, o que despertou o interesse dos industriais devido à sua abundância. Em 1871, o polissacárido puro responsável pelas virtudes do musgo irlandês foi extraído nos Estados Unidos e denominado carragenina, em homenagem ao seu condado de origem.

Os primeiros trabalhos científicos sobre as carrageninas datam de 1928, com uma patente que descreve pormenorizadamente a sua extração. Após a Segunda Guerra Mundial, a indústria alimentar começou a utilizar as carrageninas como estabilizadores, espessantes e agentes gelificantes, mas foi na década de 1960, após a retirada do Japão do mercado do ágar, que a indústria das carrageninas realmente arrancou.

As carrageninas são extraídas das paredes celulares das algas vermelhas por meio de água quente. Trata-se de polímeros de cadeia linear cujo monómero de base é a galactose, mais ou menos sulfatada. Smith e Cook descobriram que, quando um extrato de *Chondrus crispus* é misturado com cloreto de potássio (KCl), existem pelo menos dois tipos de carragenina: a lambda-carragenina, que é solúvel na presença de KCl e nunca forma um gel, e a kappa-carragenina, que é insolúvel a frio mas solúvel a quente, formando um gel mole quando arrefece. Um terceiro tipo, a iota-carragenina, actua como a kappa-carragenina, mas produz géis mais elásticos. Estes diferentes tipos de carragenina distinguem-se principalmente pelo seu grau de sulfatação.

Cada espécie de alga carrageniana tem um teor de carragenina que varia entre 15 e 60% da massa da alga ao longo do ano, bem como em função da natureza das fracções kappa, lambda ou iota que contém. Por exemplo, *a Kappaphycus alvarezii*, conhecida comercialmente como "cottonii", fornece um extrato kappa, enquanto *a Eucheuma denticulatum*, ou "*spinosum*", produz um extrato iota. Algumas algas, como a *Chondrus crispus*, libertam simultaneamente as fracções lambda, kappa e iota.

A reatividade das carrageninas está ligada à abundância de grupos hidrofílicos "OSO3-" (20 a 25%) e de pontes hidrofóbicas CH_2-O na anidrogalactose. Quanto mais grupos sulfato uma molécula contém, mais solúvel ela é; inversamente, as pontes hidrofóbicas reduzem a solubilidade e aumentam a rigidez. Embora as carrageninas sejam solúveis em água, não são solúveis em solventes orgânicos apolares e na maioria dos solventes orgânicos polares, exceto na presença de tensioactivos catiónicos.

A lambda-carragenina, diluída numa solução aquosa, aumenta a viscosidade sem formar um gel, enquanto a iota e a kappa-carragenina actuam como agentes gelificantes, produzindo a iota géis macios e elásticos e a kappa géis duros. Estas últimas têm igualmente propriedades espessantes quando dissolvidas em água quente.
O poder gelificante das carrageninas é fortemente influenciado pela presença de electrólitos, que são essenciais para a gelificação. $^{+}$Os sais de potássio (K) são os mais eficazes no aumento da densidade do gel, aumentando também as temperaturas de fusão e de formação do gel. $^{+}$Os iões de cálcio (Ca$_{2}$) têm uma influência semelhante, nomeadamente sobre a iota-carragenina, com a qual formam géis muito elásticos e coerentes. Existe também uma interação específica entre as carrageninas e a kappa-caseína do leite, o que explica a sua utilização tradicional e industrial na indústria de lacticínios.
As carrageninas são amplamente utilizadas como espessantes, agentes gelificantes e estabilizadores de emulsões e suspensões nas indústrias alimentar, têxtil, cosmética (pastas de dentes, champôs, batons) e farmacêutica. A sua capacidade de formar géis a altas temperaturas, até 60°C, torna-as particularmente interessantes em comparação com as gelatinas animais tradicionais.

Ágar-ágar: O ágar-ágar, descoberto na Ásia há vários séculos, deve o seu nome à palavra indonésia-malaia "agar", que significa "alga marinha". O ágar-ágar, um extrato natural da parede celular de certas espécies de algas vermelhas (rodofíceas), é constituído por dois polissacáridos principais: a agarose e a agaropectina. A agarose é um homopolímero neutro constituído por agarobiose, uma unidade dissacárida composta por D-galactose e 3,6-anidro-L-galactopiranose. A agaropectina, por seu lado, contém tanto unidades de agarobiose puras como unidades substituídas por grupos sulfato, metilo ou piruvato, entre outros. A qualidade dos ágares está diretamente ligada ao seu teor de agarose: quanto mais elevado for o teor, melhores serão os géis obtidos.
Os géis de agarose têm propriedades únicas, oferecendo uma elevada resistência sem a necessidade de ligantes transversais. São termoreversíveis e termoestáveis, com uma temperatura de gelificação entre 32 e 43°C e uma temperatura de fusão de cerca de 70°C. Estes géis são também estáveis às variações de pH, resistentes aos

microrganismos e aos catiões e têm uma elevada capacidade de retenção de água, bem como a capacidade de reter compostos hidrofóbicos.

Tal como as carrageninas, os ágares são extraídos com água quente. Os géneros *Gracilaria* e *Gelidium* fornecem a maior parte das matérias-primas para a produção de ágar. Estas substâncias são utilizadas principalmente como estabilizadores em emulsões e suspensões e como agentes gelificantes. Cerca de 90% do ágar produzido é utilizado em aplicações alimentares, enquanto os restantes 10%, mais refinados, são utilizados em diversas aplicações biotecnológicas.

Ulvanos: Os ulvanos são polissacáridos aniónicos solúveis em água, sulfatados e carboxilados, extraídos das paredes celulares de algas verdes pertencentes à família das Ulvales, nomeadamente *Ulva* spp. e, por extensão, *Enteromorpha* spp. A sua extração é geralmente efectuada com água contendo um quelante catiónico, e o seu teor pode variar entre 8 e 29% do peso seco das algas. Os principais açúcares que compõem os ulvanos são a L-ramnose sulfatada na posição 3, o ácido D-glucurónico e o ácido L-idurónico, com contribuições minoritárias de D-galactose, D-glucose e D-xilose. Os ulvanos são notáveis por serem os únicos exemplos conhecidos de ácido L-idurónico no reino vegetal, um ácido urónico que também se encontra nos glicosaminoglicanos (GAG), como a heparina, o sulfato de dermatano e o sulfato de heparano, expressos na superfície das células dos mamíferos.

Os ulvanes ainda não estão disponíveis comercialmente. No entanto, foram recentemente propostos para uma série de aplicações potenciais, incluindo como fonte de precursores de açúcares raros para a síntese de produtos químicos finos, como fonte de oligossacarídeos para utilização em produtos fitofarmacêuticos ou cosméticos e como agentes texturizantes para a formulação de géis termorreversíveis, permitindo um controlo preciso das texturas.

Fucoidanos: Os fucoidanos são polissacáridos sulfatados presentes nas paredes celulares das algas castanhas. Desempenham um papel crucial na regulação da hidratação e do stress osmótico nas células das algas. Compostos principalmente por uma repetição de unidades de fucose sulfatada, os fucoidanos podem também conter outros açúcares neutros e ácido urónico, por vezes acetilado. O seu teor varia de 3 a 30% do peso seco das algas. Além disso, os fucoidanos representam um co-produto potencial da extração de alginato, oferecendo perspectivas interessantes para a sua utilização em várias aplicações industriais.

3. Produção e recolha de biomassa :

Na última década, o sector das "macroalgas marinhas" expandiu-se significativamente em todo o mundo. Este crescimento deve-se, em grande parte, à disponibilidade imediata de uma grande biomassa, o que torna as algas cada vez mais atractivas para uma variedade de aplicações, incluindo a alimentação, a cosmética, a agricultura e até a energia. Atualmente, 75% da produção mundial de algas marinhas destina-se ao consumo humano, principalmente sob a forma de "algas vegetais". Em França, no entanto, a maior parte das algas colhidas ou importadas é transformada em fábricas para produzir colóides (alginatos, carrageninas, agarose) utilizados como agentes gelificantes e texturizantes na indústria alimentar e noutros sectores especializados.
Em 2008, a produção mundial de algas frescas totalizou 15,74 milhões de toneladas. Na Europa, a indústria das macroalgas baseia-se principalmente na colheita de algas de populações naturais, representando a cultura de algas apenas 0,3% dos volumes utilizados. A França, graças à região da Bretanha, é um dos principais produtores europeus de algas marinhas. A colheita de algas na Bretanha está no centro de um sector económico específico que inclui quase todas as empresas francesas de colheita e transformação. Em 2010, segundo os dados da France AgriMer, a França importou cerca de 18 000 toneladas de algas (incluindo algas frescas, carragenina, ágar e ácido algínico) e exportou 7 500 toneladas, enquanto a produção nacional ronda as 60 000 toneladas por ano.
No que diz respeito à transformação de algas, um estudo encomendado à CCI de Brest pela Chambre Syndicale des Algues et des Végétaux Marins (CSVAM) revelou que 67 estabelecimentos da Bretanha fabricam ou comercializam algas e produtos à base de plantas marinhas, representando 1.635 empregos (excluindo o sector agroalimentar) e gerando um total de vendas estimado em 424 milhões de euros em 2007.
Existem diferenças acentuadas entre a produção asiática e a produção ocidental. Na Ásia, a aquicultura e, mais especificamente, a cultura de algas marinhas, adquiriu rapidamente importância. Estima-se que os japoneses já cultivavam algas marinhas nos séculos V e VI (por exemplo, *Laminaria japonica*), como o demonstram numerosas gravuras. As algas do género *Porphyra*, utilizadas no maki e no sushi, começaram a

ser cultivadas já no século XVIII. Atualmente, quase todas as algas produzidas na Ásia provêm do cultivo, muitas vezes no mar, em explorações especializadas. *A Laminaria japonica* é a mais importante, com 4,2 milhões de toneladas cultivadas principalmente na China.

São utilizadas cerca de 200 espécies de algas em todo o mundo, das quais cerca de dez são cultivadas intensivamente, como as algas castanhas *Saccharina* (*Laminaria*) *japonica* e *Undaria pinnatifida*, as algas vermelhas *Porphyra*, *Eucheuma*, *Kappaphycus* e *Gracilaria*, e as algas verdes *Monostroma* e *Ulva.*

Embora tenha havido poucos desenvolvimentos nas tecnologias de cultivo na Ásia durante as últimas décadas, a crescente procura global de biomassa levou a um investimento renovado na procura de inovações no cultivo de algas para satisfazer novos modelos de negócio.

3.1 Colheita de algas de populações naturais e de arrojamentos :

Em França, a apanha de algas concentra-se principalmente na Bretanha e é efectuada quer por barco (pesca embarcada), quer a pé (apanha de algas na costa). As algas recolhidas são depois transformadas ou comercializadas para diversas aplicações, nomeadamente nos sectores da alimentação, da cosmética e da agricultura.

3.2 Pesca embarcada de algas :

A colheita da Laminaria, nomeadamente *da Laminaria digitata*, é efectuada na Bretanha através de embarcações especializadas. Esta espécie é a principal utilizada em França para o fabrico de alginatos e é colhida por uma frota de cerca de trinta embarcações equipadas com braços hidráulicos que manipulam um gancho chamado scoubidou. São colhidas anualmente entre 40 000 e 60 000 toneladas de algas, que geram um volume de negócios de 1,7 a 2,7 milhões de euros. A introdução do scoubidou em 1971, desenvolvido por um cultivador de algas em colaboração com o Institut des Pêches (atualmente IFREMER), revolucionou a colheita de algas. Uma vez submerso, o gancho gira para enrolar e puxar as algas do fundo do mar. Em seguida, a alga é dirigida para o convés do barco, onde uma simples inversão do sentido de rotação faz com que a alga caia no convés. Estas algas, situadas a uma profundidade máxima de cinco metros abaixo da maré baixa, resistem bem às flutuações naturais e são exploradas de forma estável em termos de tonelagem desembarcada.

Atualmente, cerca de 35 licenças permitem que os apanhadores de algas façam esta atividade sazonal altamente regulamentada, que se realiza de maio a outubro.

A colheita de *Laminaria hyperborea* por navios de pesca de algas na Bretanha é mais recente, tendo começado no início dos anos 90 com os primeiros projectos de colheita mecanizada. Antes disso, apenas eram recolhidas algas encalhadas. Em 1994, o IFREMER supervisionou os primeiros ensaios de pesca mecanizada, utilizando uma técnica importada da Noruega, onde são colhidas anualmente mais de 100 000 toneladas desta espécie a partir de populações naturais. Hoje em dia, graças a um "pente norueguês" modificado para os fundos marinhos bretões, são colhidas anualmente cerca de 12 000 toneladas de *Laminaria hyperborea*, embora esta atividade dependa muito das condições climatéricas.

A produção de algas na Bretanha está sujeita a variações em termos de qualidade e as quantidades que podem ser encontradas no meio natural são limitadas. A sua colheita é efectuada principalmente em zonas ambientalmente protegidas, como os parques marinhos e as zonas Natura 2000, e está sujeita a planos de gestão sustentável para preservar o recurso, a biodiversidade e os serviços ecossistémicos associados.

A exploração de algas marinhas levanta igualmente problemas devido ao aumento dos conflitos de utilização nas concessões marítimas, o que torna a co-cultura bivalves/algas marinhas, descrita mais adiante, particularmente pertinente. Em conclusão, para assegurar o desenvolvimento do sector com um aumento das quantidades de algas colhidas em França, é essencial criar uma aquicultura gerida de forma rigorosa, com um acompanhamento regular para avaliar a evolução das populações de algas e o impacto no meio marinho.

Figura 38: Pesca embarcada de algas com um scoubidou.

3.3 Colheita de algas marinhas :

A apanha das algas da costa, nomeadamente da fenda negra e de diversas algas comestíveis, é efectuada a pé, na orla marítima, por apanhadores profissionais e ocasionais. Em 2010, estimava-se que cerca de 50 apanhadores profissionais trabalhavam ao abrigo do estatuto ENIM (Etablissement National des Invalides de la Marine) ou MSA (Mutuelle Sociale Agricole), enquanto 300 apanhadores ocasionais utilizavam o estatuto TESA (Titre Emploi Simplifié Agricole). Há dez anos, o número de apanhadores era muito mais elevado, atingindo os 1.000

Na Bretanha, as algas negras continuam a ser apanhadas à mão, com uma foice, na maré baixa. O apanhador de algas apanha um tufo de algas à mão e corta-o na base com a sua foice.

Para preservar a capacidade de reconstituição das existências, a altura de corte é regulada a 20 centímetros da base do talo para a espécie *Ascophyllum nodosum*, uma das principais algas colhidas para abastecer as indústrias que produzem extractos de algas para a agricultura ou farinhas.

Embora este tipo de recolha tenha sido mecanizado ao longo do tempo na Noruega, na Islândia e na costa oriental do Canadá, graças à utilização de barcos "ceifadores" adaptados aos fundos marinhos, esta mecanização não pôde desenvolver-se nas costas francesa ou irlandesa devido à configuração do litoral.

As algas alimentares diversas recolhidas à mão incluem 12 espécies cujo consumo é autorizado pelo Ministério da Saúde para as empresas de transformação de algas destinadas à indústria alimentar. Nalgumas regiões, como a Normandia e o Finistère-Nord, estas mesmas espécies são também colhidas para serem utilizadas como forragem em explorações de abalone recentemente desenvolvidas. No entanto, quando se trata de avaliar o impacto da exploração destas novas espécies nos ecossistemas, continuam a faltar instrumentos eficazes e um verdadeiro controlo da colheita.

Figura 39: Colheita de algas marinhas com uma foice.

3.4 Recolha de resíduos :

A recolha de encalhes naturais é um método alternativo de recolha de biomassa de macroalgas que pode ser considerado como uma forma sustentável de gerir a exploração das populações de algas selvagens. Historicamente praticada nas costas da Bretanha, a recolha de "algas naufragadas" foi utilizada na indústria vidreira nos séculos XVII e XVIII, depois para a produção de iodo no século XIX e início do século XX. Atualmente, este método de recolha continua a ser utilizado ocasionalmente para responder às necessidades da agricultura costeira ou a exigências específicas, como a colheita de estipes *de Laminaria hyperborea* para a indústria do alginato.

Este método de colheita continua a ser o principal meio de exploração das populações naturais de *Macrocystis pyrifera* e *Lessonia* spp. que, no Chile, representam 48% para *L. nigrescens* e 11% para *L. trabeculata*. Nas costas do norte do Chile e do sul do Peru, são recolhidas anualmente quantidades superiores a 100 000 toneladas de algas secas. Estas costas estão sujeitas à corrente de Humboldt, que arrefece as águas superficiais, o que as torna ideais para estes encalhes maciços. Após a colheita, as algas são secas na praia e depois enviadas para fábricas de trituração ou exportadas diretamente. No entanto, este método, restritivo e dependente do carácter aleatório dos arrojamentos, é praticado principalmente pelas comunidades de pescadores costeiros ou por populações modestas que se mobilizam logo que os arrojamentos podem ser explorados para preservar a qualidade do recurso.

No País Basco, em especial nas praias de Hendaye, as algas vermelhas são igualmente recolhidas nas zonas de encalhe com recurso a bulldozers ou a barcos equipados com redes. Esta biomassa, composta principalmente por *Gelidium sesquipedale*, fornece uma matéria-prima de alta qualidade para a extração de agarose, um dos ficocolóides mais caros do mercado, numa fábrica basca.

Nas últimas décadas, tornaram-se evidentes os efeitos da eutrofização costeira, causada pela fuga maciça de azoto proveniente da agricultura terrestre. Certas zonas do litoral, enriquecidas com nutrientes, favorecem a proliferação desproporcionada de certas espécies de algas. A recolha de arrojamentos e de algas flutuantes contribui para reduzir o impacto negativo desta proliferação nos ecossistemas. Por exemplo, todos os anos, entre 50 000 e 90 000 toneladas de algas verdes do género *Ulva* dão à costa nas praias da Bretanha, e estas quantidades representam apenas a parte visível do fenómeno.

Estima-se que o stock de algas marinhas no mar seja 5 a 6 vezes superior ao stock de algas encalhadas, com uma capacidade de regeneração muito rápida, em apenas alguns dias, em condições favoráveis. Atualmente, esta biomassa é pouco aproveitada. Os arrojamentos recolhidos são espalhados diretamente nos terrenos agrícolas ou transformados em corretivo orgânico (co-compostagem) para espalhamento diferido.

No entanto, um dos principais desafios deste sistema continua a ser a logística e os instrumentos de recolha, que têm de ser melhorados para fazer face aos grandes afloramentos. Seria necessário criar um sistema organizado de recolha, estabilização e utilização destas algas. No entanto, é de notar que a variabilidade dos arrojamentos, ligada às perturbações ambientais, torna difícil a exploração destes recursos a longo prazo. Assim, parece mais adequado adotar uma abordagem oportunista em função das quantidades disponíveis, em vez de construir uma verdadeira indústria com base neste modelo.

Figura 40: Recolha de algas verdes encalhadas

4. Cultivo de algas marinhas no mundo :

Em 2008, a produção mundial de algas cultivadas atingiu mais de 14 milhões de toneladas de algas frescas, enquanto apenas foi colhido um milhão de toneladas de algas selvagens. A maior parte desta produção está concentrada em países asiáticos como a China, as Filipinas, a Coreia do Norte e do Sul, o Japão e a Indonésia, bem como na África Oriental, nomeadamente em Zanzibar. Os Estados Unidos, o Canadá e vários países europeus, incluindo a França, o Reino Unido (Escócia, País de Gales e Irlanda do Norte), a Irlanda, a Alemanha, a Noruega, a Dinamarca e os Países Baixos, estão também a trabalhar no sentido de estabelecer culturas de algas em grande escala.
O cultivo de macroalgas pode ser efectuado por diversos métodos, em função da espécie visada. Algumas algas, que têm um ciclo de reprodução relativamente simples, nomeadamente as associadas às marés verdes, prestam-se bem à cultura em bacias ou lagoas sem necessidade de infra-estruturas de fixação. Estas algas proliferativas reproduzem-se principalmente de forma vegetativa, flutuando livremente na coluna de água, através da fragmentação de um indivíduo. Algumas agarófitas, como a *Gracilaria* sp. no Chile e na Ásia, ou a *Asparagopsis armata*, uma alga cultivada para fins cosméticos na ilha de Ushant, são também cultivadas em grande escala por estacas.

A exploração de grandes espécies nobres, como certas algas castanhas ou vermelhas, exige a passagem prévia por fases de cultura em maternidades, onde as algas são mantidas num estado microscópico para preparar "sementes". Estas sementes crescem presas a fios até atingirem a fase de plântula, altura em que são aclimatadas ao meio marinho aberto onde se desenvolvem em indivíduos adultos. Estas algas adultas continuam a desenvolver-se em vários dispositivos de suporte, como cordas ou redes. Este processo requer um conhecimento profundo e um controlo preciso das diferentes fases de crescimento e dos ciclos reprodutivos das algas.

Também é possível utilizar um método de cultura vegetativa na incubadora, seguido de várias técnicas de cultura, como a cultura em linha, em saco ou em bolsa. No entanto, o método mais utilizado é a cultura em corda, que será descrita mais pormenorizadamente na secção seguinte.

5. Fases da cultura da corda :

Em primeiro lugar, as algas são colhidas por corte no seu ambiente natural. No caso das algas, utiliza-se frequentemente a técnica do "scoubidou" nos barcos de algas. Uma vez trazidas para as maternidades, as algas são submetidas a um stress hídrico, térmico e/ou luminoso para as incitar a produzir esporos. Estes esporos são depois cultivados em balões ou fotobiorreactores até atingirem a fase de esporófito ou gametófito para produção em massa. Durante esta fase, as condições de cultura são rigorosamente controladas, incluindo a luz, o borbulhar, a temperatura e a nutrição mineral. É nesta fase que os indivíduos microscópicos são postos em contacto com os cordões para se fixarem a eles. Certas espécies de macroalgas possuem um órgão específico, chamado crampon, que lhes permite fixarem-se firmemente.

Uma vez semeados, os cordões são depois enrolados em cordas mais robustas, que são instaladas no mar para permitir o cultivo das algas. O cultivo pode ser efectuado em cordas dispostas horizontalmente ou verticalmente, conforme necessário. Estas cordas podem ser fixadas a pontos de ancoragem através de vários métodos, suspensas de estruturas flutuantes ou fixadas ao fundo do mar através de estacas ou cadáveres. No entanto, a agitação marítima pode, por vezes, danificar estas estruturas ou arrancar as algas dos cabos.

Cada sistema de cultivo requer um método específico para a colheita da biomassa. Na maioria das vezes, é utilizada uma embarcação especialmente concebida para o efeito. Esta embarcação corta as algas e leva-as para bordo para serem colhidas. Para facilitar o transporte das algas para terra, para serem transformadas ou utilizadas, a embarcação pode ser equipada com um filtro prensa ou um dispositivo de desidratação centrífuga, que reduz o teor de água da colheita de 90% para 20%.

6. Controlo da produção :

A produção de algas marinhas no meio marinho é controlada num ambiente natural aberto. Em França, a utilização de fertilizantes ou de produtos fitossanitários está fora de questão, uma vez que a sua disseminação no ambiente não pode ser controlada.

Por conseguinte, a cultura de algas assenta na exploração dos nutrientes naturalmente presentes no ambiente, nomeadamente na proximidade de escoadouros naturais como estuários, pisciculturas ou conquiliculturas. A luz incidente, essencial para a fotossíntese, é também um fator natural que não pode ser controlado, dependendo da localização do local de cultivo, da latitude, da turbidez da água, da profundidade (até um máximo de 30 metros) e da amplitude das marés.

Outros factores, como a temperatura, a sazonalidade e a circulação da água, ligados às condições climáticas e às correntes marinhas, desempenham também um papel crucial na cultura de algas marinhas. Certas espécies de macroalgas, com exigências específicas em termos de nutrientes, salinidade, temperatura, luz, profundidade e correntes, estão particularmente bem adaptadas à cultura em grande escala. No entanto, a cultura pode ser afetada por vários factores, nomeadamente a predação, o crescimento de plantas epífitas, as infecções bacterianas e virais e a poluição.

As macroalgas têm também um potencial interessante para a bioremediação do excesso de nutrientes no ambiente, que pode causar crises distróficas. O cultivo de algas em locais eutrofizados pode, portanto, ser particularmente relevante. É importante notar que a matéria seca das algas contém geralmente 7 a 8% de azoto e 1% de fósforo, o que ajuda a eliminar estes elementos em excesso em ambientes sobrecarregados de nutrientes.

Além disso, a fase de cultura em maternidade exige um controlo rigoroso da produção. Todos os parâmetros e condições de cultura devem ser rigorosamente controlados para assegurar uma transição bem sucedida para a cultura no mar.

7. Cultura de algas em França :

A França possui uma experiência e um domínio reconhecidos das técnicas de aquicultura de várias espécies de macroalgas. Nos anos 90, o CEVA (Centre d'Étude et de Valorisation des Algues) e o Ifremer desenvolveram técnicas específicas de cultura de algas, ilustradas por demonstrações tecnológicas, nomeadamente com a espécie *Undaria pinnatifida*. Estas técnicas foram depois adoptadas por microempresas, principalmente na Bretanha, que prosseguiram a produção em pequena escala de macroalgas para aplicações alimentares e cosméticas.

Embora a viabilidade técnica do cultivo desta espécie tenha sido comprovada, não se revelou rentável em grande escala na altura, o que limitou a produção em massa. No entanto, este facto favoreceu o desenvolvimento de pequenas empresas e de alguns produtores de algas na Bretanha, que produzem pequenas quantidades de algas destinadas a mercados de elevado valor acrescentado, como a alimentação e a cosmética. Assim, atualmente, a maior parte da produção de algas em França continua a provir da pesca.

No entanto, a cultura de algas está de novo na ordem do dia em França, com o aparecimento de novas empresas neste sector. Estão atualmente em curso ensaios de co-cultura de ostras e algas e de mexilhões e algas em toda a costa bretã, no âmbito do projeto CHACO. Esta abordagem inovadora permite valorizar as concessões existentes sem prejudicar a produção inicial de moluscos, oferecendo uma perspetiva prometedora para o desenvolvimento sustentável da cultura de algas.

CAPÍTULO 4: INOVAÇÕES NO ALGAS

1. Novos conceitos de cultivo previstos:

Em França, o interesse pela co-cultura ou co-criação de algas e espécies marinhas como peixes, crustáceos ou camarões está a aumentar significativamente. Este conceito, que já está presente em várias partes do mundo através de experiências-piloto ou de explorações aquícolas em funcionamento, oferece perspectivas promissoras. No México, por exemplo, as algas verdes da espécie *Ulva clathrata* são cultivadas em tanques de criação de camarões. Esta coprodução de algas e camarões apresenta várias vantagens: melhora a qualidade sanitária da exploração, reduz o consumo de ração, mantendo um crescimento equivalente, uma vez que os camarões se alimentam em parte de algas, e melhora a pigmentação da carapaça e da carne dos camarões, uma vez que as algas consumidas são ricas em carotenóides. Em França, estas práticas só agora começam a ser exploradas. Um exemplo notável de aquicultura multitrófica integrada, desenvolvido no Canadá por Thierry Chopin, professor da Universidade de New Brunswick, ilustra bem estes avanços.

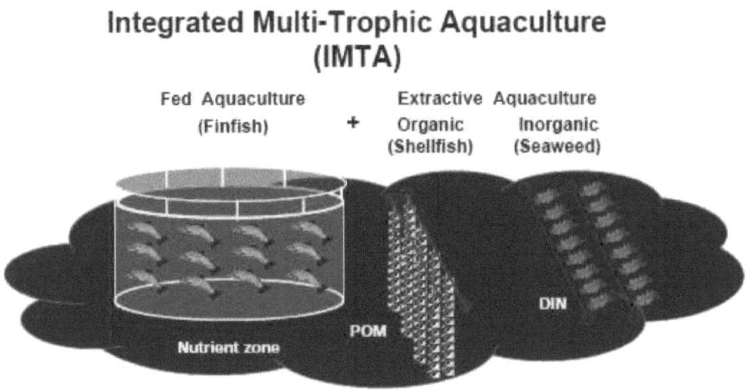

Figura 40: Diagrama concetual de uma operação integrada de aquicultura multitrófica.

Este diagrama concetual de uma operação de aquacultura multitrófica integrada (IMTA) ilustra a sinergia entre a aquacultura de alimentação, centrada nos peixes, e a aquacultura extractiva orgânica, centrada nos mariscos, que beneficiam do enriquecimento com matéria orgânica particulada (POM). Ao mesmo tempo, a aquacultura extractiva inorgânica, representada pelas algas, beneficia do enriquecimento com nutrientes inorgânicos dissolvidos (DIN), optimizando a eficiência de todo o sistema de aquacultura.

2. Cultura off-shore :

A criação de grandes parques eólicos offshore em França constitui uma oportunidade de desenvolvimento promissora para a aquicultura. Este plano de implantação de parques eólicos offshore criará zonas marítimas onde a navegação e a pesca serão regulamentadas e onde a manutenção dos parques exigirá uma presença humana. Esta configuração abre caminho a potenciais sinergias com as actividades de aquicultura, nomeadamente a cultura de macroalgas. Os aspectos económicos, bem como os impactos ambientais e sociais desta abordagem, merecem um estudo aprofundado. Para as espécies de algas flutuantes, como o *Sargassum*, a cultura flutuante, combinada com estruturas para manter as algas numa área definida, poderia gerar economias significativas em comparação com os sistemas tradicionais baseados em linhas. Em experiências no Mar do Norte, as estruturas em anel, com 5 a 15 metros de diâmetro, apresentaram os melhores resultados em termos de produtividade, embora coloquem alguns desafios durante a colheita. Um exemplo notável de uma espécie candidata à aquicultura offshore no Pacífico é a alga castanha gigante, *Macrocystis pyrifera*, conhecida pela sua elevada capacidade de absorção de luz e pela sua rápida taxa de crescimento, que duplica de peso de seis em seis meses. No entanto, os testes de profundidade realizados por equipas americanas revelaram um certo número de dificuldades, nomeadamente em termos de acesso, de amarração, de fornecimento de nutrientes e de colheita. A produtividade superficial das culturas offshore, sem factores de produção, varia entre 20 e 50 toneladas de matéria seca por hectare e por ano, consoante o sistema e as espécies utilizadas.

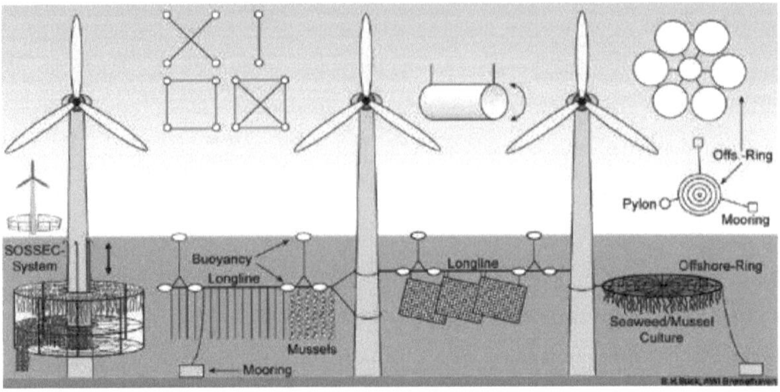

Figura 41: As muitas utilizações dos parques eólicos offshore para a co-cultura de algas e marisco.

3. Cultivo em bioreactores :

A cultura em biorreactores, quer sejam normais ou fotobiorreactores (PBR), é muito semelhante à cultura de microalgas, mas aplica-se às macroalgas. Baseia-se na utilização de gametófitos microscópicos, fragmentos de talos indiferenciados ou microplântulas, com o objetivo de desenvolver culturas de células ou tecidos específicos. Esta biomassa, produzida de forma totalmente controlada, tem aplicações nos sectores da cosmética, da nutrição e da farmácia. Por exemplo, a produção de microplantas de rodofíceas permite a síntese de moléculas de elevado valor acrescentado, como os terpenos halogenados. A conceção dos PBR tem em conta vários parâmetros, como o fornecimento de luz e de energia, a transferência de massa e de calor e a escolha de um sistema reutilizável ou de utilização única. O controlo total da cultura nestes ambientes significa que podem ser implementadas estratégias para estimular a síntese de metabolitos secundários, por exemplo, através da estimulação da luz ou da adição ou omissão de produtos químicos.

Utilizando biorreactores ou bacias de crescimento simples sob luz solar natural com ar, CO_2 e injeção de nutrientes, é possível atingir uma produtividade superficial de até

130 toneladas de matéria seca por hectare e por ano. Estes resultados foram demonstrados em experiências a longo prazo, como o cultivo de *Gracilaria sp.* durante três anos consecutivos.

3.1 Seleção de variedades :

No Japão, os primeiros cultivadores de algas marinhas, que dependiam da recolha de sementes *de Laminaria* ou *Porphyra*, não puderam provavelmente selecionar estirpes específicas de algas marinhas até terem dominado os ciclos reprodutivos destas espécies durante o século XX. Estavam, portanto, inteiramente dependentes dos recursos genéticos locais e do sucesso de propagação dos propágulos recolhidos nos meios de cultura. Foi apenas nas maternidades, desenvolvidas na segunda metade do século XX, que métodos herdados da agricultura terrestre, como a seleção em massa, permitiram a domesticação e o melhoramento de algumas espécies na Ásia. Estes avanços conduziram, por exemplo, a resultados espectaculares na China, com a seleção de cultivares *de Laminaria* que acumulam o máximo de iodo.

Até à última década, os progressos no domínio da genética eram praticamente inexistentes no caso das algas marinhas. No entanto, os recentes desenvolvimentos na genómica marinha deram a várias espécies de macroalgas acesso a ferramentas e métodos de alto desempenho utilizados para o melhoramento genético de plantas terrestres. A procura de marcadores moleculares contribui agora para uma melhor compreensão da genética de caraterísticas importantes, optimizando a eficácia dos programas de melhoramento. Estes marcadores têm um valor inestimável, pois permitem testar rapidamente as variedades e selecionar as que apresentam as caraterísticas desejadas. A seleção assistida por marcadores é, portanto, crucial para identificar caraterísticas agronomicamente interessantes.

A obtenção de novas variedades e estirpes de macroalgas, tais como híbridos de algas, estirpes com elevada qualidade nutricional, resistentes a doenças e ao stress ambiental, ou variedades com elevado rendimento de moléculas de interesse ou elevado potencial energético, deve tornar-se um objetivo central dos futuros projectos de desenvolvimento da algocultura.

Os resultados esperados deverão conduzir à criação de um biobanco de estirpes, alojado na componente francesa do Centro Europeu de Recursos Biológicos EMBRC-Fr, comparável a um catálogo de variedades, cujas condições de acessibilidade para investigadores e industriais deverão ser definidas com precisão. Por outro lado, este saber-fazer tecnológico em matéria de criação de variedades poderá tornar-se uma questão internacional, abrindo caminho à difusão destas inovações por empresas existentes ou futuras nos países produtores de algas, nomeadamente na Ásia.

3.2 Comparação dos preços de venda :

Quadro 8: Comparação dos preços de venda das macroalgas.

Técnicas de cultivo/colheita	**Preço de venda**
Pesca de Scoubidou - Algas frescas (*Laminaria*)	40 - 50 euros por tonelada
Colhidas à mão - Algas frescas (10 a 20 espécies)	35 - 2.000 euros por tonelada
Algas estabilizadas (Farinhas e pós micronizados)	1.000 - 15.000 euros por tonelada
Cultivo em lagoas (Hipótese: algas verdes ou vermelhas)	500 - 800 euros por tonelada de matéria seca (50 euros para estimativas optimistas)
Cultura offshore (Hipótese: Algas castanhas)	200 - 315 euros por tonelada de matéria seca
Cultura offshore (Algas castanhas comestíveis)	500 - 1.200 euros por tonelada de material fresco

Nota: A grande variação dos preços de venda de cada técnica pode ser explicada pela diversidade das espécies de algas, pelos volumes colhidos e, sobretudo, pela utilização que é dada às algas.

4. Processos de pré-tratamento e extração :

4.1 Secagem - Estabilização :

Uma vez colhidas, as macroalgas podem ser utilizadas diretamente, nomeadamente para a extração de alginatos. Neste caso, é fundamental que os locais de transformação estejam situados perto dos locais de recolha. A utilização de biomassa algal húmida, fresca do mar, permite preservar o mais possível as propriedades originais das algas, protegendo as moléculas sensíveis, assegurando simultaneamente rendimentos mais elevados e uma maior pureza. No entanto, isto exige uma gestão logística rigorosa.

O elevado teor de água da biomassa de algas coloca um problema quando esta não é utilizada imediatamente, devido ao risco de fermentação. Por conseguinte, é indispensável uma fase de secagem e de estabilização para evitar a degradação e para transportar as algas para as instalações industriais sem comprometer a sua qualidade. Vários métodos podem ser utilizados.

O pré-banimento no local é o método mais utilizado nos principais países produtores, como a Ásia e a América do Sul. Esta técnica consiste em deixar as algas secar ao sol, por vezes ao abrigo, com a ajuda do vento. O teor de água é reduzido de 80% para cerca de 30%. Este processo é particularmente adaptado aos climas destas regiões e permite reduzir os custos.

Na Europa, a secagem industrial está mais difundida. Utiliza fornos e secadores para estabilizar as algas e transformá-las em farinha, com um teor de água inferior a 10%. Um processo de secagem suave, que preserva as moléculas sensíveis sem as desnaturar, foi recentemente desenvolvido pela Aléor.

Outro método de dessecação, mais económico, consiste em misturar as algas com materiais absorventes. A palha, por exemplo, pode atuar como auxiliar de desidratação e agente estruturante, impedindo a putrefação anaeróbia e favorecendo a fermentação aeróbia. Este processo produz corretivos orgânicos do solo, como o composto. A secagem das algas continua a ser uma etapa fundamental nos processos de extração, fracionamento e biorefinaria. Uma secagem excessiva pode levar a custos elevados, alterar as propriedades das algas e complicar a separação dos constituintes.

4.2 Moagem :

A moagem é uma operação essencial para facilitar o acondicionamento e o transporte do material, bem como para melhorar os rendimentos durante a extração sólido-líquido, em que a capacidade de extração de certos compostos pode ser limitada pela difusão. As algas marinhas podem ser picadas ou moídas a húmido ou a seco. Para a moagem húmida, as bombas de diluição e os homogeneizadores são particularmente adequados. As picadoras agro-alimentares também podem ser utilizadas para reduzir as algas marinhas a fragmentos de alguns milímetros. A trituração a húmido pode ser assistida pelo frio (criotrituração), uma técnica que dá resultados muito interessantes em termos de eficácia de extração e de conservação dos princípios activos. Este processo é utilizado em certas indústrias para fabricar pastas e extractos de algas marinhas, que são utilizados pelas suas propriedades fitoestimulantes.

Os moinhos de grelha equipados com facas ou martelos rotativos são os mais utilizados para a trituração de matéria seca. A adição de frio, sob a forma de azoto líquido, melhora a eficiência da trituração, tirando partido da humidade residual (cerca de 10% da matéria seca) e preserva as moléculas activas sensíveis ao calor, limitando o aquecimento devido à energia mecânica dissipada.

A trituração grosseira produz tamanhos de corte de 0,5 mm, 1 mm, 2 mm ou 5 mm, enquanto a trituração fina produz tamanhos de corte da ordem dos 100 a 200 microns, ou mesmo menos de 100 microns.

5. Extração de compostos de interesse :

5.1 Métodos de extração e purificação de compostos de interesse :

A obtenção de moléculas concentradas e isoladas de interesse envolve várias etapas específicas para cada tipo de molécula.

5.1.1 Solventes :

Vários métodos de extração por solventes podem ser aplicados à biomassa de macroalgas.

A água é o solvente de eleição para a extração de moléculas como os colóides (alginatos, carrageninas, ulvanos, amido) e os minerais. As misturas hidroalcoólicas são utilizadas para a extração de polifenóis. Para a extração de pigmentos como os carotenóides, são utilizados solventes apolares ou CO_2 supercrítico, evitando assim a utilização de solventes orgânicos. A astaxantina, por exemplo, é extraída com esta tecnologia. No entanto, a extração com solventes orgânicos é ainda complexa de implementar à escala industrial.

5.1.2 Purificação :

Os extractos são também purificados por vários métodos. Para os colóides, o método de precipitação/solubilização é geralmente utilizado. Os métodos de ultrafiltração ou de cromatografia são utilizados para produzir moléculas com um valor acrescentado muito elevado. Estas moléculas são utilizadas nos sectores cosmético e alimentar para a ultrafiltração, enquanto a cromatografia é preferida para as indústrias farmacêutica e médica.

5.1.3 Biotecnologia: hidrólise das macromoléculas :

Uma vez extraídas e purificadas, as macromoléculas podem ser hidrolisadas para obter outras de menor dimensão mas de maior interesse. Por exemplo, a despolimerização de um polissacárido em oligossacáridos por hidrólise permite obter princípios activos com melhor difusão e biodisponibilidade, aumentando assim a sua atividade biológica. A hidrólise pode ser efectuada enzimaticamente, utilizando enzimas obtidas a partir de bactérias marinhas, ou por fermentação, envolvendo também bactérias marinhas ou outros microrganismos.

A utilização de microrganismos provenientes diretamente do meio marinho explica-se pela sua adaptação à transformação da matéria algal, nomeadamente para a hidrólise dos polissacáridos específicos das algas.

Foram identificadas enzimas e bactérias com atividade hidrolítica em relação a diferentes polissacáridos de algas marinhas (alginatos, carrageninas, ulvanos, laminaranas, ágar-ágar, porfiranos, etc.), que são objeto de investigação a nível mundial.

Por exemplo, a produção de oligoalginato para cosméticos para a pele baseia-se nesta tecnologia. Esta tecnologia é particularmente interessante para aplicações em grande escala nos sectores da energia e da química. Disponibiliza os açúcares e os ácidos urónicos que constituem os polissacáridos para uma transformação posterior, como a fermentação acetobutanólica ou etanólica. A utilização de enzimas ou bactérias também melhora o rendimento da extração de compostos de interesse, facilitando a decomposição das paredes das algas e o fracionamento dos extractos.

5.2 Extração com ágar :

No processo tradicional, as algas secas são picadas e depois fervidas em água com um ingrediente ácido, como o ácido acético ou o ácido sulfúrico diluído. O líquido quente obtido é filtrado para remover quaisquer pedaços residuais de algas marinhas, sendo depois neutralizado com um agente alcalino, como o bicarbonato de sódio. Forma-se uma geleia quando a temperatura desce abaixo dos 40°C. Para eliminar o sabor a algas e a coloração clara desta geleia, esta é submetida a um processo de congelação, descongelação e desidratação, repetido duas ou três vezes para purificar progressivamente a agarose.

5.3 Extração de esteróis :

Os esteróis são extraídos da fração lipídica total das algas utilizando solventes. Os solventes "verdes", como o EtOH/H2O-80/20, são preferidos por serem menos dispendiosos, menos tóxicos e mais amigos do ambiente do que os solventes tradicionais, como o hexano ou a acetona. Os esteróis são então isolados da fração lipídica total por métodos químicos (saponificação) ou enzimáticos (lipase). A hidrólise enzimática oferece rendimentos mais elevados, variando de 3 a 6%, em comparação com apenas 1 a 2% para a saponificação.

5.4 Extração de alginatos :

Após a colheita, as algas são cortadas, limpas e maceradas em ácido mineral diluído para serem desmineralizadas. O alginato presente nas algas é assim transformado em ácido algínico insolúvel, sendo eliminados alguns constituintes indesejáveis, como o fucoidano, o manitol e os sais minerais. Em seguida, as algas desmineralizadas são trituradas na presença de um álcali ou de um sal alcalino para neutralizar o ácido algínico e solubilizá-lo sob a forma de um sal correspondente ao álcali utilizado. Os compostos insolúveis são eliminados por filtração, flotação ou decantação. O alginato é então precipitado, prensado, lavado, desidratado, neutralizado, seco e triturado até à granulometria desejada. Os sais obtidos têm propriedades específicas: os alginatos de metais alcalinos (sódio, potássio, magnésio) são solúveis em água, enquanto o ácido algínico e o seu derivado de cálcio (cálcio, alumínio, ferro) são praticamente insolúveis. Os sais solúveis dissolvem-se a baixas temperaturas e formam soluções espessas e viscosas, produzindo géis resistentes ao calor quando reticulados por catiões divalentes, como o cálcio, ou catiões trivalentes, como o estrôncio.

5.5 Extração de carrageninas :

A extração da carragenina varia em função do grau de pureza exigido. Para obter carragenina pura, é necessária a chamada extração fina. No entanto, um simples tratamento com potassa pode produzir carragenina semi-refinada, que também é autorizada como aditivo alimentar da mesma forma que a carragenina refinada.

5.5.1 O caso das carrageninas refinadas :

O processo de extração da carragenina refinada, ilustrado na figura 48, segue um método fino amplamente utilizado na indústria. A carragenina, sobretudo quando foi seca durante muito tempo, é primeiro mergulhada (fase 1) numa solução de cloreto de cálcio e agitada vigorosamente para remover areia, conchas, larvas, epífitas e outras impurezas.

O cálcio penetra então nos tecidos, fixando a carragenina nas paredes celulares para evitar qualquer perda durante o enxaguamento (fase 2).

Durante esta fase de reidratação, recomenda-se uma extração preliminar sobre uma amostra representativa da biomassa, a fim de determinar os parâmetros ideais para obter o melhor rendimento. Em seguida, os talos são imersos (fase 3) durante duas horas numa solução alcalina (NaOH, 1 N) a 65°C, à razão de 100 litros por quilograma de tecido seco. Sob o efeito de uma marreta, as plantas desintegram-se progressivamente num magma colorido (fase 4), dissolvendo as carrageninas sob a forma de sais de sódio. É essencial manter um ambiente básico durante todo o processo, uma vez que as carrageninas tendem a despolimerizar-se num ambiente ácido quando a temperatura é elevada. A separação da fase líquida que contém as carrageninas dos outros materiais é uma etapa delicada. A filtração (fase 5) tem lugar num cilindro mantido sob pressão e a alta temperatura, produzindo um líquido amarelado que contém 2 g de carrageninas para 98 g de água. O desafio consiste então em recuperar estes 2 g de carragenina.

Para o efeito, o líquido é pulverizado num tanque contendo álcool isopropílico (fase 6), o que provoca a floculação das carrageninas em aglomerados esponjosos e esbranquiçados, agitados pelas pás de uma grande hélice. Outro processo de precipitação da kappa-carragenina baseia-se na interação específica com sais de potássio, eliminando a necessidade de utilizar um solvente orgânico como o isopropanol.

Uma vez terminada esta operação, uma bomba potente aspira a suspensão de "precipitado de carragenina-álcool" e deposita-a numa peneira metálica que vibra horizontalmente (fase 7), que retém os aglomerados esponjosos e deixa passar o álcool. As carrageninas são então lavadas uma última vez com álcool isopropílico puro.

Nesta fase, o extrato é ainda frágil e sujeito a despolimerização. Por conseguinte, é necessário secá-lo a baixa temperatura (5°C) sob vácuo, numa "campânula" invertida.

Embora este processo seja moroso, permite obter carrageninas altamente polimerizadas. No entanto, alguns fabricantes preferem acelerar o processo, confiando parte da desidratação a uma centrífuga, embora isso possa afetar negativamente a qualidade do produto final. O álcool isopropílico utilizado ao longo destas operações é recuperado a 85% através de uma coluna de destilação. A massa fibrosa seca é depois triturada em partículas com dimensões que variam entre 80 μm e 270 μm, consoante as necessidades.

Após esta fase, são efectuados controlos rigorosos para determinar a composição química exacta e as propriedades funcionais do produto, tais como a humidade residual, a pureza, a viscosidade a quente e a frio e a força do gel no leite e na água com KCl. Se o tipo de carragenina se destinar a ser utilizado em produtos agro-alimentares, deve também cumprir especificações muito rigorosas, incluindo análises de oligoelementos e testes de qualidade microbiológica.

5.5.2 O caso das carrageninas semi-refinadas :

Autorizadas para utilização em produtos alimentares com o código E407a, as carrageninas semi-refinadas são conhecidas por vários nomes, incluindo "Alkaline Carrageenan Flour" (ACF), "Philippine Natural Grade" (PNG27), "Processed Euchema Seaweed" (PES) e "Semi-Refined Carrageenan" (SRC). O princípio subjacente à sua produção baseia-se no tratamento da biomassa com uma solução concentrada de potássio a 8,5% a uma temperatura de 60°C, em que o potássio imobiliza o polímero no interior do tecido vegetal. A biomassa é então seca e moída até se tornar um pó. Os PNGs têm qualidades semelhantes às carrageninas puras, particularmente em termos de viscosidade e força de gel. O processo de obtenção de PNG é mais rápido e menos dispendioso do que a extração fina de carrageninas refinadas. Além disso, este método pode ser realizado diretamente nos locais onde as plantas de carragenina são colhidas, o que simplifica consideravelmente o processo logístico. A produção mundial atual está estimada em cerca de 30 000 toneladas de carragenina refinada (aditivo E407) e 18 000 toneladas de carragenina semi-refinada (farinha de algas E407a).

5.6 Digestão anaeróbia de macroalgas :

A digestão anaeróbia pode ser aplicada tanto a algas inteiras como a resíduos de extração, como os provenientes da produção de alginatos ou carrageninas. Este processo baseia-se nos mesmos princípios da metanização convencional, permitindo a mineralização da matéria orgânica, a recuperação de energia sob a forma de metano (CH_4) contido no biogás produzido pela digestão e a recuperação de nutrientes minerais como os nitratos (NH_4^+) e os fosfatos (PO_4^{3}-).

Embora baseada num conceito antigo, a metanização provou a sua eficácia e robustez. Atualmente, é largamente utilizada, nomeadamente na gestão dos efluentes agro-alimentares e das lamas de depuração. O potencial metanogénico das algas é comparável ao dos substratos mais convencionais, como as lamas de centrifugação ou o estrume de bovinos, com um rendimento de 200 a 300 Nm^3 de biogás por tonelada de matéria volátil introduzida.

No entanto, a metanização de macroalgas marinhas apresenta uma série de desafios técnicos relacionados com a sua composição. Estes desafios incluem um elevado teor de fração mineral não digerível, a presença de inibidores de metanogénios como o sódio e os cloretos, bem como a presença de enxofre, que se encontra no biogás sob a forma de H_2S.

A co-digestão, uma abordagem que combina macroalgas com outros substratos, também é possível. Por exemplo, as lamas de depuração ou a fração fermentável dos resíduos domésticos poderiam ser adicionadas à biomassa de algas, o que poderia otimizar o processo de metanização e melhorar os rendimentos.

6. Aplicações, mercados potenciais :

6.1 Introdução :

A nível mundial, as algas marinhas são consideradas principalmente como um vegetal, sendo três quartos da produção de macroalgas destinados ao consumo humano direto, desempenhando um papel central na cozinha tradicional asiática. Por outro lado, na Europa e na América do Norte, as utilizações industriais das macroalgas são mais diversificadas e estão bem estabelecidas, nomeadamente na indústria dos colóides. Outras aplicações tradicionais, como a agricultura e a cosmética, estão também muito difundidas.

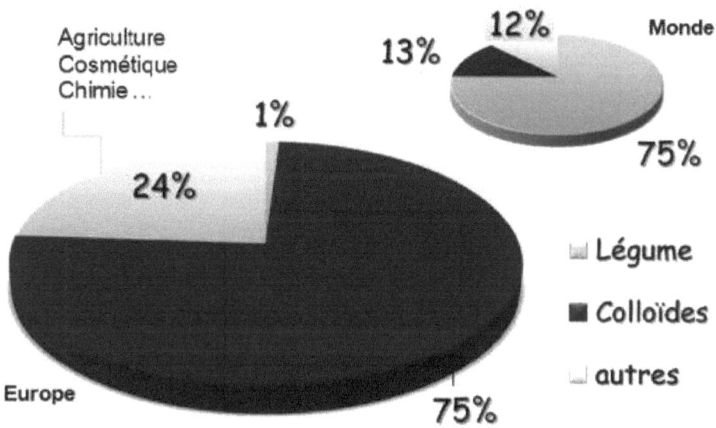

Figura 42: Mercados europeu e mundial: famílias de aplicações.

As plantas marinhas, inteiras ou fraccionadas, estão omnipresentes na nossa vida quotidiana e têm uma grande variedade de utilizações. Para além da sua utilização como alimento, as algas desempenham um papel cada vez mais importante em sectores como a agricultura, onde são utilizadas como alimento para animais e fertilizante orgânico, e na indústria farmacêutica, onde são utilizadas para revestir medicamentos ou são valorizadas pelas suas propriedades adelgaçantes. São também utilizados na cosmética (sabonetes, cremes, pastas de dentes), nos produtos de limpeza e nos têxteis. Com a rápida expansão da indústria agroalimentar, as algas marinhas estão agora indissociavelmente ligadas ao conceito de alimentação. Por exemplo, o europeu médio consome agentes de textura derivados de algas marinhas pelo menos cinco vezes por dia, numa variedade de alimentos preparados, sem o saber. Alguns extractos de algas marinhas, com as suas propriedades gelificantes, espessantes ou texturizantes, são comparáveis a substâncias encontradas em plantas terrestres, como o amido e a pectina, ou na medula animal, como a gelatina. Na sequência da crise das vacas loucas em 1996, a indústria alimentar voltou-se cada vez mais para alternativas à base de plantas com as mesmas propriedades da gelatina, como os ficocolóides.

6.2 Ficocolóides :

Desde o início do século XX, as macroalgas têm sido exploradas para a produção de ficocolóides, dos quais os mais utilizados são os alginatos, as carrageninas e os ágares. Estes polissacáridos, que não se encontram nas plantas terrestres, são os principais produtos industriais derivados das algas. Embora alguns polímeros com propriedades semelhantes possam ser produzidos por plantas terrestres, como a goma arábica, os ficocolóides têm caraterísticas únicas como agentes texturizantes. Estes ficocolóides não têm todos as mesmas propriedades funcionais: os ágares e as carrageninas Lambda são utilizados principalmente como espessantes, enquanto as carrageninas Iota e Kappa são conhecidas pelas suas propriedades gelificantes.

Os alginatos são versáteis, actuando como espessantes e agentes gelificantes. Estas propriedades são amplamente exploradas numa variedade de sectores, incluindo a alimentação humana e animal, os produtos farmacêuticos, a agricultura e até a medicina.

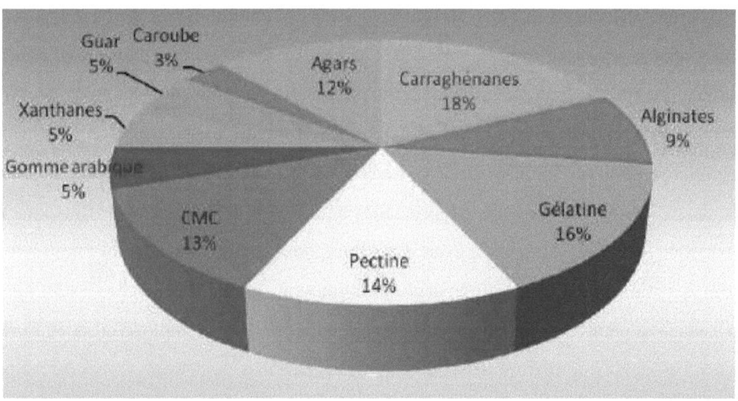

Figura 43: Destaque para o papel dos ficocolóides entre os coloides utilizados para espessar ou gelificar soluções aquosas.

No total, estes ficocolóides representam mais de 39% dos colóides produzidos a nível mundial, com um mercado global de cerca de 600 milhões de dólares americanos por ano.

Estes produtos são designados por "demográficos" devido à sua utilização generalizada na preparação de produtos alimentares e de conveniência. A procura destes ficocolóides está a aumentar em função do crescimento demográfico, da evolução dos hábitos alimentares marcada pelo desenvolvimento da indústria agroalimentar e pelo consumo crescente de produtos transformados, bem como de crises sanitárias como a suspeita em torno da gelatina bovina gerada pela encefalopatia espongiforme bovina (vulgarmente conhecida como "doença das vacas loucas").

Quadro 9: Valor anual global dos produtos de algas.

PRODUTOS DE ALGAS MARINHAS	VALOR TOTAL ANUAL
Alimentação humana (Nori, aonori, Konbu, wakame, etc.)	5 mil milhões de dólares
Ágar (Ingrediente alimentar, farmacêutico, biológico/microbiológico)	132 milhões de euros
Alginato (Impressão têxtil, aditivo alimentar, farmacêutico, médico)	213 milhões de dólares
Carragenina (aditivo alimentar, alimentos para animais de estimação, pasta de dentes)	240 milhões de dólares
Outras utilizações das algas marinhas	
Fertilizantes e condicionadores	5 milhões de dólares
Alimentação animal	5 milhões de dólares

Biocombustíveis de macroalgas	Negligenciável
TOTAL	5,5-6 mil milhões de dólares

Os alginatos são polímeros que se encontram nas paredes celulares de uma grande variedade de espécies de algas castanhas. São normalmente utilizados como agentes gelificantes e/ou espessantes numa variedade de aplicações industriais. Nas indústrias alimentar e farmacêutica, os alginatos são utilizados como estabilizadores de emulsões e suspensões. Por exemplo, podem ser encontrados em produtos como gelados, compotas, cremes, cremes, loções, pastas de dentes e como revestimentos para comprimidos.

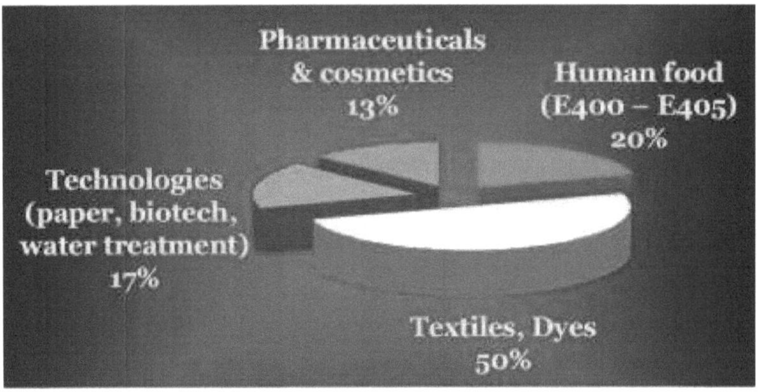

Figura 44: Mercados de aplicação de alginatos.

Os alginatos são igualmente utilizados na produção de tintas, de certos materiais de construção, de cola e de papel, bem como nas indústrias petrolífera, fotográfica e têxtil. A sua capacidade de se ligarem a catiões pesados torna-os inestimáveis como despoluentes e desintoxicantes. A maioria das algas castanhas utilizadas para a produção de alginato são colhidas na natureza e não cultivadas especificamente para este fim. No entanto, na China, certos tipos de algas, originalmente destinados ao consumo humano mas que já não são utilizados, são reutilizados como matéria-prima para a extração de alginatos. Globalmente, o valor do mercado de alginatos foi estimado em cerca de 213 milhões de dólares em 2003.

As carrageninas são polímeros derivados das paredes celulares das algas vermelhas, aos quais estão ligados um (κ-), dois (ι-) ou três (λ-) grupos sulfato. Devido às suas propriedades específicas, as carrageninas, conhecidas pelo nome industrial E107, são amplamente utilizadas na alimentação humana. Encontram-se em produtos como o leite e seus derivados, cremes, gelados, bolos, cremes, mousses, iogurtes gelificados e molhos. Estes ficocolóides conferem a estes alimentos uma textura, coesão e consistência que os impede de se liquefazerem.

As carrageninas são também utilizadas na alimentação animal, nomeadamente sob a forma de croquetes misturados com outros alimentos, e são cada vez mais utilizadas em formulações cosméticas.

A maior parte das algas marinhas utilizadas para produzir carrageninas é cultivada, uma vez que a procura de matérias-primas excede a oferta dos recursos naturais. Em 2003, o valor do mercado das carrageninas foi estimado em cerca de 240 milhões de dólares americanos.

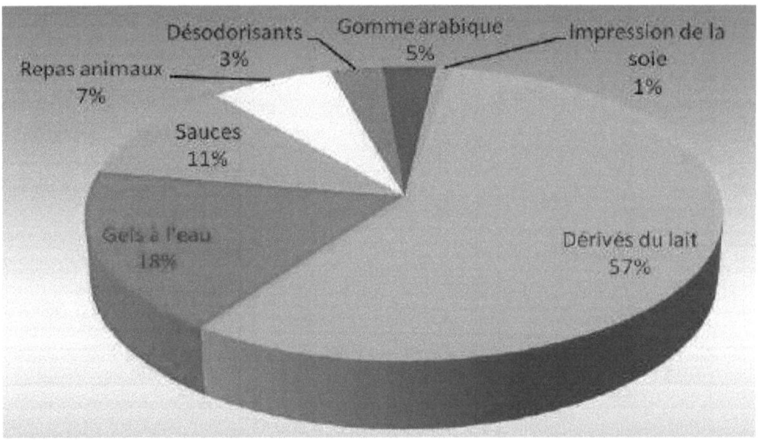

Figura 45: Repartição das principais utilizações das carrageninas.

Os ágares são polímeros derivados das paredes celulares das algas vermelhas. As algas utilizadas para produzir ágar comercial são colhidas na natureza ou cultivadas. Tal como as carrageninas, os ágares são utilizados como estabilizadores de emulsões e suspensões, e como agentes gelificantes e de revestimento de alimentos. Cerca de 90%

da produção de ágar é destinada a aplicações alimentares, enquanto os restantes 10% são utilizados para fins bacteriológicos e outros fins biotecnológicos. Em 2001, a produção de ágar totalizou cerca de 7.630 toneladas, com um valor de mercado estimado em cerca de 132 milhões de dólares americanos.

Quadro 10: Utilizações actuais das carrageninas κ, ι e λ

Composto	**Efeito**	**Aplicação**
κ-carragenina	Agente gelificante	Leite com chocolate Gelados e cremes de sobremesa Carne enlatada Alimentos para animais de estimação Géis ambientadores Imobilização de enzimas Culturas *in vitro*
ι-carragenina	Agente gelificante	Sobremesas Molhos Gelados e sorvetes Cosméticos
λ-carragenina	Espessante	Sobremesas Molhos Pasta de dentes Cosméticos

6.3 Alimentação humana :

As macroalgas desempenham um papel importante em vários sectores da alimentação humana. São consumidas principalmente como vegetais, em particular nos países asiáticos, onde este sector representa 75% da produção mundial. As suas qualidades nutricionais posicionam-nas também no mercado dos suplementos alimentares, enquanto o seu elevado teor de polissacáridos as torna inestimáveis na indústria dos colóides alimentares.

6.4 Um alimento por direito próprio :

Na Ásia, as algas marinhas são um elemento básico da dieta tradicional. São utilizadas diariamente em saladas, sopas, condimentos e como acompanhamento de legumes. No Japão, por exemplo, cada habitante consome uma média de 1,3 kg de algas secas por ano, ou seja, 3,6 g por dia. Embora as quantidades consumidas não sejam muito elevadas, o consumo diário de algas marinhas é parte integrante da dieta japonesa e tem benefícios comprovados para a saúde.

Este saber ancestral permitiu aos japoneses tirar o máximo partido de cada alga e das suas propriedades únicas. Cada tipo de alga é preparado de forma diferente para realçar a sua cor, textura ou sabor. Por exemplo, o elevado teor de glutamato de sódio da alga é utilizado para fazer sopa Miso, enquanto o sabor do Nori é realçado em folhas de Nori secas ou tostadas, frequentemente consumidas ao pequeno-almoço com arroz, em maki ou onigiri. O sabor e a cor das folhas de Nori variam consoante o local de origem, sendo que as folhas de Nori de alta qualidade, completamente pretas, lisas e brilhantes, são frequentemente oferecidas como presentes em casamentos. A alga Wakame é geralmente consumida em saladas, condimentos ou sopas, onde se destaca a sua cor verde brilhante e a sua textura estaladiça. O konbu é frequentemente servido como condimento de vinagre, enquanto o ágar-ágar, derivado do *Gelidium* ou da *Gracilaria*, é muito utilizado para preparar todo o tipo de geleias aromatizadas servidas como sobremesas.

No entanto, em França, as algas marinhas já não são tão populares como antigamente. O termo "alga" não suscita o entusiasmo da maioria dos consumidores. No entanto, devido ao seu valor nutricional, estes "legumes do mar" merecem ser mais amplamente integrados nas dietas ocidentais.

O valor nutricional das macroalgas reside principalmente na presença combinada de três categorias principais de componentes: fibras, minerais e proteínas. Além disso, existem metabolitos com propriedades antioxidantes e anti-radicais livres, tais como carotenóides, polifenóis, vitaminas e ácidos gordos polinsaturados. Uma descrição pormenorizada de todos os componentes presentes nas macroalgas é apresentada na secção "composição bioquímica".

6.5 Uma fonte potencial de suplementos alimentares :

Um estudo epidemiológico realizado na Ásia (Teas, 1981; Carper, 1989) mostrou que o consumo regular de algas marinhas poderia estar ligado a uma melhor saúde, nomeadamente através da redução do risco de cancro do cólon, da mama e da próstata. A diversidade das moléculas que compõem as macroalgas confere-lhes qualidades nutricionais múltiplas, o que permite a sua utilização como complemento alimentar, nomeadamente para fins de emagrecimento e de saúde. As principais pistas que estão a ser exploradas para este desenvolvimento são descritas a seguir.

As fibras e os esteróis presentes nas algas marinhas têm um efeito na redução do colesterol plasmático. Por exemplo, as algas verdes e castanhas contêm esteróis muito semelhantes aos fitoesteróis, o que poderia torná-las uma nova fonte de fitoesteróis que reduzem o colesterol. Os polissacáridos sulfatados das algas têm propriedades anti-tumorais e imunoestimulantes. A quelação de metais, possibilitada pelos alginatos, desempenha um papel desintoxicante, como foi explorado no tratamento das populações francesas afectadas pelo envenenamento por chumbo. Os compostos halogenados, como o iodo, têm propriedades anti-sépticas e antibacterianas e influenciam o metabolismo dos lípidos. O cálcio contido nas algas tem uma biodisponibilidade elevada e é recomendado para prevenir a descalcificação óssea associada à menopausa. Por último, os metabolitos secundários, como os polifenóis e os pigmentos, previnem a deposição de placas ateroscleróticas nos vasos sanguíneos e desempenham um papel fundamental como antioxidantes contra o stress oxidativo, responsável pelo envelhecimento celular.

6.6Uma fonte potencial de texturisers :

Embora os franceses não apreciem as algas como legume, consomem-nas diariamente, muitas vezes sem se aperceberem. Com efeito, os extractos de algas são muito utilizados sob a forma de aditivos texturizantes (gelificantes, espessantes, estabilizadores) em diversos produtos como cremes, cremes, sopas e carnes frias. A principal utilização das algas marinhas é na indústria dos colóides: alginato, ágar e carrageninas. A diversidade de propriedades destas substâncias conduz a uma vasta gama de aplicações.
Estes ficocolóides podem ser utilizados como estabilizadores ou emulsionantes numa variedade de alimentos, tais como molhos para saladas e gelados, mas também actuam como agentes formadores de película, protegendo contra bactérias, dessecação e danos causados pelo manuseamento.

Os alginatos, extraídos da alga castanha, são amplamente utilizados na indústria alimentar pela sua capacidade de gelificar e formar soluções altamente viscosas. Podem atuar como espessantes, agentes gelificantes, estabilizadores, crioprotectores para alimentos congelados ou como películas protectoras comestíveis. Encontram-se em gelados e sorvetes, onde controlam a formação do gelado, actuam como intensificadores de sabor e dão uma textura suave e agradável na boca. Estão também presentes em chantilly, arroz doce, iogurte batido e purés reestruturados de fruta, vegetais, carne e peixe. Modificados quimicamente por hidroxipropilação, estabilizam as emulsões em maioneses e molhos para saladas. São também utilizados para revestir peixe panado ou para clarificar líquidos como óleos, vinho, vinagre e cerveja. Quando utilizados na União Europeia, são listados nos ingredientes sob os códigos E400 a E405, consoante a forma do alginato.

O ágar, extraído de algas vermelhas, é utilizado numa vasta gama de aplicações na indústria alimentar. Em particular, é utilizado como estabilizador para geleias de fruta, natas, leite aromatizado, gelados e sorvetes. Encontra-se também noutros produtos alimentares, como alimentos congelados, coberturas, merengues e alimentos em forma de gel, como sobremesas, doces e sumos de fruta. Quando utilizado na União Europeia, o ágar-ágar está classificado com o código E406.

As carrageninas são um grupo de polissacáridos solúveis em água mais utilizados do que o ágar como agentes gelificantes e espessantes em muitos alimentos, especialmente nos alimentos à base de leite. Encontram-se no leite com chocolate, gelados, leite evaporado, pudins, geleias, compotas, molhos para salada, sobremesas de gelatina, produtos à base de carne e cremes prontos a preparar. Quando utilizadas na União Europeia, estão classificadas nos códigos E407 para as carrageninas refinadas e E407a para as carrageninas semi-refinadas.
Existem muitos outros fitocolóides, tais como ulvanos, xilanos, ramnanos, hemiceluloses, celuloses, mananos e arabinogalactanos, a maioria dos quais permanece inexplorada até hoje.

7. Saúde - produtos farmacêuticos :

7.1 Muitas moléculas potenciais, poucas aplicações comerciais :

As moléculas mais frequentemente utilizadas nos sectores da saúde e farmacêutico são as já exploradas na indústria alimentar, nomeadamente os alginatos, as carrageninas e o ágar. No entanto, as macroalgas contêm uma gama muito mais vasta de moléculas de interesse farmacêutico. Embora muitas destas moléculas estejam ainda em fase de investigação ou apresentem um interesse potencial, muito poucas são atualmente comercializadas neste sector. Segue-se uma breve descrição das suas aplicações comerciais e da sua ação potencial.

7.2 Alginatos :

Os alginatos são amplamente utilizados na indústria farmacêutica devido à sua capacidade de quelatar e formar soluções altamente viscosas. São utilizados em pastas de impressão dentária e como antiácidos para tratar a azia e o refluxo ácido. No domínio médico, os alginatos são utilizados no tratamento de feridas, nomeadamente em compressas hemostáticas e pensos hidrocolóides para queimaduras. São também utilizados em fígados artificiais.

7.3 Ágares :

Os ágares são utilizados nos domínios médico e farmacêutico para produzir agentes de dilatação, laxantes, supositórios, cápsulas, comprimidos e anticoagulantes.
São também essenciais no fabrico de meios de cultura biológicos e desempenham um papel crucial na biologia molecular, nomeadamente em métodos de separação como a eletroforese.

7.4 Carrageninas :

As carrageninas oferecem uma série de utilizações potenciais como produtos farmacêuticos. Têm propriedades antitumorais, antivirais e anticoagulantes, tendo sido também exploradas actividades de imunomodulação.

7.5 Polissacáridos sulfatados :

Os polissacáridos sulfatados, como as carrageninas, os fucanos e os ulvanos, são de particular interesse no domínio farmacêutico. A investigação centra-se principalmente em fucanos e fucoidanos, ulvanos, bem como noutros oligossacáridos e moléculas específicas.

7.6 Fucanos e fucoidanos :

Os fucanos e os fucoidanos, extraídos das algas castanhas, são polissacáridos complexos da família das polifucoses com sulfatação variável. Possuem um vasto leque de propriedades. Poderiam, por exemplo, prevenir e/ou aliviar as úlceras gástricas, prevenir os cancros gástricos associados e evitar as afecções hepáticas. Já existem produtos deste tipo no mercado japonês. Os fucanos têm também propriedades antioxidantes e imunoestimulantes. A sua semelhança com a heparina confere-lhes propriedades antitrombóticas e anticoagulantes. As suas propriedades anticancerígenas, anti-angiogénicas e anti-tumorais são objeto de numerosas investigações no âmbito do tratamento de vários cancros. Possuem igualmente propriedades anti-adesão bacteriana e mesmo bactericidas, bem como actividades antivirais.

Para maximizar estas propriedades, pode ser necessário reduzir a massa molar destas moléculas por despolimerização, que pode ser efectuada quimicamente (ácido, radicais) ou bioquimicamente (enzimas específicas).

7.7 Ulvanes :

Os ulvanos, polissacáridos sulfatados extraídos de algas verdes, pertencem à família dos ramno-aldobiuronanos sulfatados. As suas propriedades são comparáveis a algumas das dos fucanos, mas têm também outras, pois são polissacáridos complexos compostos por açúcares raros. Embora menos estudadas, o seu potencial farmacêutico continua a ser prometedor.

Existem outros polissacáridos sulfatados derivados de macroalgas que apresentam uma "diversidade a investigar". Certos oligossacáridos, obtidos por despolimerização, podem também ter potencial no sector farmacêutico. Estes oligossacáridos são produzidos por hidrólise enzimática a partir de bactérias marinhas, o que permite tratar biomassas de origem semelhante.

Além disso, outras moléculas específicas derivadas de macroalgas estão a ser consideradas para aplicações farmacêuticas. Estas incluem a celulose microcristalina, os floridosídeos e os terpenos. A griffithsina, uma glicoproteína antiviral isolada em 2005 de uma alga vermelha neozelandesa da família Ceramiales, *a Griffithsia sp.* é objeto de intensa investigação como microbicida vaginal para limitar a transmissão da SIDA. Além disso, o desenvolvimento da cultura de algas *Caloglossa leprieurii* poderia oferecer uma nova fonte de um anti-helmíntico, um medicamento utilizado para expulsar vermes parasitas.

8. Cosméticos :

As macroalgas são um ingrediente-chave na cosmética marinha, reconhecida mundialmente pela sua singularidade e sucesso. A utilização das macroalgas no sector da cosmética está a desenvolver-se de várias formas. A sua excelente dermocompatibilidade posiciona-as no mercado da talassoterapia.

Tal como na alimentação, desempenham um papel de texturização na formulação de produtos cosméticos, como máscaras e pastas de dentes. São também uma fonte de tensioactivos naturais e de ingredientes activos, permitindo a produção de cosméticos desintoxicantes com efeitos benéficos para a pele.

Os oligoalginatos, derivados dos ficocolóides, têm propriedades antipoluição, anti-erupção, anti-acne e anti-envelhecimento. Os fucoidanos ajudam a reduzir o envelhecimento da pele e favorecem o crescimento dos cabelos.

9. Agricultura :

9.1 Fertilizantes :

Histórica e tradicionalmente, as macroalgas são utilizadas como fertilizantes em todo o mundo, nomeadamente nas regiões costeiras. Os "restos do mar" são espalhados nos campos, melhorando a composição mineral dos solos empobrecidos graças ao seu conteúdo mineral e aumentando a capacidade de retenção de água dos solos graças ao seu rico conteúdo coloidal, que ajuda a fixar o lodo e a reduzir a erosão das terras aráveis. As macroalgas castanhas são também utilizadas na formulação de meios de cultura (solos enriquecidos para vasos) e de fertilizantes sob a forma de farinhas ou de extractos líquidos.

Uma vez extraídas as moléculas de interesse ou os hidratos de carbono das algas, a biomassa residual, rica em nutrientes, pode ser utilizada como biofertilizante.

9.2 Tratamentos fitossanitários :

As macroalgas oferecem uma série de propriedades benéficas no sector da proteção das culturas. Contêm compostos como as fitohormonas (citocininas, auxinas, giberelinas) que promovem a germinação, o crescimento das folhas e dos caules e a floração. Podem também ser utilizados como agentes de proteção biológica contra doenças das plantas, actuando como elicitores, ou seja, estimulando as defesas naturais das plantas.

Estas "vacinas" vegetais permitem reduzir a frequência e a extensão dos tratamentos fitossanitários curativos à base de fungicidas ou de pesticidas químicos. Compostos como os fucoidanos, os laminaranos e os oligoalginatos do tipo poliácido manurónico têm este tipo de atividade.

Estas substâncias encontram-se sob a forma de farinhas activadas com metais como o cobre. Podem também ser utilizadas como adjuvantes de formulação sob a forma de tensioactivos verdes (polissacáridos de algas enxertadas) ou de polímeros anti-bounce.

Algumas empresas comercializam extractos titulados com princípios activos oligossacáridos que estimulam as defesas naturais das plantas, para utilização em tratamentos foliares e regas.

Os produtos derivados das macroalgas, homologados como produtos fitofarmacêuticos e reconhecidos pelos profissionais, nomeadamente os arboricultores, já estão disponíveis no mercado francês. Estes produtos protegem as plantas estimulando as suas defesas naturais.

9.3 Interesses ambientais :

Outra opção que promove a sustentabilidade é a produção de fertilizantes certificados para a agricultura biológica. Quando aplicados nas culturas, os nutrientes contidos nas algas e nos seus extractos são libertados lentamente, promovendo o crescimento das plantas. Mais importante ainda, a produção de fertilizantes químicos é intensiva em energia e contribui significativamente para as emissões de gases com efeito de estufa. Dado que a procura de fertilizantes deverá aumentar nas próximas décadas, a produção de fertilizantes à base de algas oferece um potencial significativo para reduzir a utilização de fertilizantes químicos e atenuar os seus impactos ambientais negativos. As algas são particularmente ricas em elementos fertilizantes importantes, como o azoto e o potássio, bem como em elementos fertilizantes secundários, como o enxofre, o cálcio, o magnésio e os oligoelementos.

9.4 Alimentação animal :

9.4.1 Nutrição :

As algas marinhas eram tradicionalmente utilizadas em certas regiões costeiras, onde o gado pastava na costa. Atualmente, são um ingrediente comum na alimentação animal para uma variedade de aplicações. Encontram-se sob a forma de farinhas nas formulações de alimentos para animais. Podem também ser utilizadas como suplementos alimentares na alimentação animal. As algas marinhas são reconhecidas pelos seus efeitos prebióticos, antioxidantes, imunoestimulantes e outros, que são utilizados em alimentos para galinhas poedeiras e coelhos jovens, por exemplo, ou em sais minerais (iodo, etc.) para bovinos, ovinos e caprinos.
Na indústria dos colóides, as carrageninas são utilizadas nos alimentos para animais de companhia como espessantes ou estabilizadores de suspensões. Os alginatos são utilizados para dar forma aos grânulos.

9.4.2 Aquicultura :

As macroalgas também têm aplicações na aquacultura. Por exemplo, a cultura do abalone, uma indústria em expansão no Chile e potencialmente em França, necessita de cerca de 100 toneladas de algas frescas por cada tonelada de abalone produzida. Como a colheita em populações naturais não pode satisfazer esta procura, os

agricultores têm de recorrer à produção de algas forrageiras por algocultura. É igualmente possível preparar, por digestão enzimática de macroalgas inteiras, alimentos adequados para alimentar as presas utilizadas para alimentar os alevins.
Os extractos de algas verdes podem ser utilizados como palatabilizantes na formulação de alimentos para salmão, em que o óleo de peixe é substituído por óleo vegetal. Além disso, alguns extractos de algas marinhas têm propriedades imunoestimulantes para diferentes espécies aquícolas, como o pregado e o camarão. A co-cultura de camarão/algas verdes, tal como praticada no México e mencionada acima, melhora a qualidade sanitária da criação, reduz os custos da alimentação e melhora a pigmentação rosa dos crustáceos criados nestas condições.

9.5 Materiais de origem biológica :

Os extractos de macroalgas, como os alginatos, são já utilizados em diversos materiais (fios, películas) para aplicações médicas. O exemplo mais conhecido é o fio de alginato de cálcio, que é utilizado para fabricar compressas hemostáticas comummente utilizadas em hospitais de todo o mundo. As fibras de alginato de cálcio, obtidas por fiação a húmido, têm também excelentes propriedades termomecânicas e uma elevada resistência ao fogo, o que as tornou úteis como fibras para vestuário de proteção contra o fogo.
Existem também no mercado fibras de viscose mistas de celulose/farinha de algas castanhas, utilizadas em têxteis de decoração, vestuário desportivo e roupa interior. Os alginatos são amplamente utilizados em materiais de ligação hidráulica (colas, cimentos e argamassas) como agentes reológicos e reguladores de presa. Também são encontrados como auxiliares de fabrico em cerâmica e como materiais de impressão em escultura e próteses dentárias. São também muito utilizados na indústria do papel e do cartão. É possível fabricar papel a partir de fibras de algas marinhas ou de misturas de polpa de madeira/fibras de algas marinhas. Alguns produtos deste tipo são já comercializados no segmento dos papéis para arte e decoração. Também é possível fabricar caixas de cartão e recipientes de celulose moldada, como caixas de ovos e vasos para produtos hortícolas. Para aplicações de papel/cartão, a ausência de lignina nas algas facilita a utilização de celulose/hemicelulose. Os colóides de algas marinhas, como os alginatos, são utilizados como agentes de textura para corantes e colagem de papel.

A investigação recente demonstrou que as algas e os seus extractos podem também ser utilizados como cargas ou aditivos funcionais em compósitos de matriz termoendurecida ou termoplástica. Estão em curso desenvolvimentos no sector dos termoplásticos para filmes de embalagem e peças injectadas.

9.6 Bioenergia, biorefinarias :

A viabilidade da coprodução industrial de produtos químicos intermédios minerais (potassa, iodo, cloretos, sulfuretos) e orgânicos (acetona, ácido acético, ácido butírico, butanol, acetato de metilo ou de etilo) por fermentação de macroalgas marinhas foi demonstrada já na Primeira Guerra Mundial no Reino Unido e nos Estados Unidos.
Nessa altura, tendo a química alemã cessado todas as exportações para esses países, desenvolveu-se uma verdadeira indústria química baseada na exploração de depósitos naturais de macroalgas, nomeadamente na Califórnia, com a exploração de campos de *Macrocystis pyrifera*. A biorrefinação das algas desenvolveu-se então em torno da indústria dos ficocolóides, que, no conjunto, é o equivalente da indústria da pasta de papel para o sector das macroalgas. Os polissacáridos de algas podem ser utilizados para produzir emulsionantes e tensioactivos através de processos semelhantes aos utilizados para os polissacáridos das plantas superiores. Os polifenóis de algas são bases ideais para a formulação de colas e resinas termoendurecíveis.
Nos últimos anos, uma nova vaga de projectos de I&D centrou-se na produção em grande escala de macroalgas para conversão em biocombustíveis por fermentação. Existem várias vias potenciais, mas algumas estão mais avançadas do que outras. A maioria das macroalgas tem um baixo teor de lípidos, o que exclui a produção de biodiesel através de processos do tipo diéster. No entanto, é possível converter a biomassa de macroalgas em óleo por pirólise. As espécies ricas em polifenóis, como as algas castanhas que se encontram na zona das marés, estão particularmente adaptadas a este processo. As macroalgas, ricas em polissacáridos, podem ser fermentadas para produzir bioálcoois (etanol, n-butanol, isobutanol) e bio-metano. As grandes algas contêm tanto polissacáridos comuns, como os glucanos (amido, laminarano, celulose), cujos processos de conversão em bioetanol são bem conhecidos,

como polissacáridos mais originais (alginatos, carrageninas, ulvanos, ágar-ágar) para os quais ainda é necessário trabalho de I&D.

Estão em curso nos Estados Unidos, no Chile e na Noruega projectos de demonstração que envolvem a conversão fermentativa de macroalgas castanhas em isobutanol. Na Coreia, nas Filipinas e no Japão, estão em curso projectos semelhantes para converter carragenina em etanol. Estas iniciativas envolvem consórcios de fabricantes de produtos químicos e de combustíveis, bem como equipas de investigação académica.

A nível internacional, grandes empresas químicas como a DuPont e a Dow Chemical estão a considerar a utilização de algas para produzir determinados produtos químicos essenciais para a sua indústria, como o etanol e o isobutanol.

Os métodos de pré-tratamento mais avançados para a produção de bioetanol a partir de polissacáridos de algas encontram-se atualmente em fase de investigação e desenvolvimento.

Os fluxos de resíduos remanescentes após a extração podem então ser submetidos a digestão anaeróbia. A produção de biogás por digestão anaeróbia de macroalgas é uma forma muito promissora de produzir biocombustíveis gasosos. Esta tecnologia elimina vários obstáculos importantes que contribuem para os elevados custos dos biocombustíveis de algas, como a secagem, a extração e a conversão em combustível. Este método pode ser rentável e vários estudos demonstraram o seu potencial. Um estudo recente indica que pode ser alcançado um nível de produção de biogás de 180,4 ml/g de biogás, com uma concentração de metano de 65%, utilizando um processo de digestão anaeróbia em duas fases com diferentes estirpes de algas.

Para as macroalgas, a digestão anaeróbica é atualmente a opção de conversão mais atractiva. Dependendo das circunstâncias locais, o biogás produzido pode ser convertido em bioeletricidade ou purificado para substituir o gás natural. A produção de biogás pode ter lugar em terra ou no mar e pode ser optimizada em função da distância de transporte e da disponibilidade de gás offshore, da ligação à rede eléctrica a partir de plataformas de gás/petróleo ou de turbinas eólicas. Também é possível produzir gás em alto mar e enviá-lo para terra, mas para reduzir os custos de transporte, o metano puro precisa de ser melhorado e comprimido em alto mar. Para otimizar este processo, poderiam ser concebidos navios dedicados à colheita de algas e à sua transformação.

A produção de biogás é tecnicamente viável para a maioria das espécies de macroalgas, com vantagens como a elevada produtividade (por exemplo, *Ulva*: 100T sec/Ha/ano, produção efectiva), o crescimento em água do mar (sem necessidade de água doce) e a ausência de concorrência com as zonas agrícolas terrestres.

9.7 Ambiente, controlo da poluição :

As macroalgas ajudam a reduzir a carga de sais nutritivos através da absorção natural de nitratos, fosfatos, etc. Este facto reveste-se de um interesse ambiental significativo para os estuários e as zonas costeiras eutrofizadas. A produção destas macroalgas é vista como uma forma de reduzir o impacto da eutrofização causada pelas actividades humanas (agricultura, urbanização, etc.) na qualidade do ambiente e na biodiversidade. É igualmente possível tratar os efluentes das actividades humanas através de lagoas de macroalgas.

Os polissacáridos de parede (alginatos, carrageninas, ulvanos) presentes nas algas têm a capacidade de se ligar a catiões pesados, o que lhes permite ligar metais pesados, conferindo-lhes propriedades despoluentes e desintoxicantes.

9.8 Conclusão :

A grande produção de algas marinhas baseia-se principalmente na apanha em ambientes naturais e na recolha de peixes encalhados. A nível mundial, a aquicultura é o método predominante, nomeadamente na Ásia, onde foi dominada na perfeição. Este modo de produção tem um grande potencial de desenvolvimento em França, nomeadamente na Bretanha, onde várias empresas começam a investir neste domínio. Em comparação com outras fontes, como as plantas, os animais ou as bactérias, as grandes algas e os seus polissacáridos oferecem uma grande diversidade estrutural, incluindo uma variedade de ramificações e agrupamentos funcionais, que dão origem a numerosas actividades biológicas. Esta diversidade e as potenciais aplicações que lhe estão associadas estão ainda largamente subexploradas do ponto de vista industrial.

Com o consumo cada vez maior de alimentos preparados, o interesse pelas propriedades das algas marinhas intensificou-se, nomeadamente na criação de uma vasta gama de texturizantes alimentares concebidos para agradar aos consumidores. Atualmente, o principal objetivo dos fabricantes é atrair os consumidores com produtos inovadores. Os ficocolóides (alginatos, carrageninas, ágares) desempenharam um papel crucial na mudança dos hábitos alimentares. No entanto, há ainda muitas pistas a explorar, não só no sector alimentar, mas também noutros sectores.

Como apresentado ao longo desta secção, as aplicações das macroalgas foram alargadas nos últimos anos aos domínios da cosmetologia, da farmacologia e, de um modo mais geral, da química verde e da biotecnologia, que são mercados em rápida expansão.

10. Regulamentos :

10.1 Alimentação eléctrica :

10.1.1 História em França :

No final dos anos 70, o consumo de algas marinhas como alimento em França começou a desenvolver-se, principalmente sob o impulso de consumidores vegetarianos e macrobióticos, bem como da chegada de populações migrantes da Ásia. Nessa altura, as algas eram importadas principalmente da Ásia. No entanto, alguns empresários bretões aproveitaram a riqueza das algas da costa bretã para propor produtos transformados a partir de algas locais.

A partir dos anos 80, as empresas começaram a organizar-se para colher e transformar as algas para fins alimentares. Nessa altura, as algas eram consideradas um género alimentício não tradicional pela regulamentação nacional em vigor e necessitavam de uma autorização prévia, concedida na sequência de um parecer do Conselho Superior de Saúde Pública (CSHPF). Foram emitidas várias autorizações, acompanhadas de pareceres emitidos pelo CSHPF, para regular o consumo e estabelecer critérios de contaminação. Na altura, 14 algas autorizadas para consumo humano constavam de uma lista positiva.

Em 1997, uma data importante no contexto da regulamentação alimentar, entrou em vigor o Regulamento Europeu CE n.º 258/97, de 27 de janeiro de 1997, conhecido como "Novos Alimentos". Este regulamento diz respeito a novos alimentos e novos ingredientes alimentares. Aplica-se, em particular, a algas marinhas para as quais não é possível provar o consumo tradicional num Estado-Membro da União Europeia antes da entrada em vigor do regulamento. Nesses casos, torna-se necessário apresentar um pedido de autorização para utilização como alimento ou ingrediente alimentar, em conformidade com as disposições do regulamento CE acima referido.

10.1.2 Algas marinhas atualmente utilizadas em França :

Quadro 11: Macroalgas autorizadas para consumo humano.

Nome científico	Nome comum
Algas castanhas	-
Ascophyllum nodosum	-
Fucus vesiculosus	-
Himanthalia elongata	Esparguete do mar, feijão do mar
Undaria pinnatifida	Wakamé
Laminaria digitata	Kombu
Laminaria saccharina	Royal Kombu
Laminaria japonica	Kombu
Algas vermelhas	-
Palmaria palmata	Dulse
Porphyra umbilicalis	Nori
Porphyra tenera	Nori
Porphyra yezoensis	Nori
Porphyra dioica	Nori
Porphyra purpurea	Nori
Porphyra laciniata	Nori

Porphyra leucostica *Chondrus crispus* *Gracilaria verrucosa* *Lithothamnium calcareum*	Nori Pioca, líquen Ogonori Mäerl
Algas verdes *Ulva* sp. *Enteromorpha* sp.	- Alface-do-mar Aonori

Até 2010, era possível apresentar dossiers simplificados para alimentos considerados "substancialmente equivalentes" a alimentos já consumidos ou autorizados. Estes dossiês eram apresentados à AFSSA (Agência Francesa de Segurança Alimentar), que se tornou a ANSES (Agência Nacional Francesa de Segurança Alimentar, Ambiental e Saúde Ocupacional) em julho de 2010. Ficou igualmente provado que as principais algas asiáticas importadas tinham sido consumidas na Europa antes de 1997, o que significa que podem ser utilizadas na alimentação humana em França, desde que cumpram os critérios regulamentares relativos a contaminantes como o iodo, os metais pesados e a carga microbiana.

Existem atualmente 20 macroalgas autorizadas para consumo humano em França. No entanto, esta lista não está fechada. Continua a ser possível obter uma autorização simplificada para comercializar algas marinhas com um historial de consumo reconhecido em França ou noutros países da União Europeia, desde que sejam fornecidas informações específicas e após a obtenção do parecer da Direção-Geral da Concorrência, do Consumo e da Repressão das Fraudes (DGCCRF). Para as algas não tradicionais na União Europeia, é necessário seguir o procedimento estabelecido no Regulamento CE n.º 258/97 "Novos Alimentos".

10.1.3 Restrições à utilização de algas marinhas para consumo humano :

Paralelamente à lista de algas autorizadas, os organismos de avaliação (anteriormente a CSHPF, depois a AFSSA e atualmente a ANSES) elaboraram recomendações relativas aos teores de metais pesados e de iodo a observar nas algas de qualidade alimentar. Estas algas devem satisfazer os critérios definidos nos quadros de referência.

10.1.4 Teor máximo de iodo das algas marinhas :

Inicialmente, foi fixado um limiar máximo de 5 000 mg/kg para todas as algas, com restrições de consumo específicas para as algas. Em 2002, a AFSSA emitiu um parecer que reduzia este limite para 2 000 mg/kg para todas as algas, com exceção das algas e da *Gracilaria*, para as quais o limite se mantinha em 5 000 mg/kg.

Foram mantidas as seguintes restrições de consumo: para um adulto, a ingestão deve ser inferior ou igual a 30 mg de produto seco por dia, e para uma criança com menos de quatro anos, a ingestão deve ser inferior ou igual a 15 mg de produto seco por dia (ou 105 mg de produto fresco).

Quadro 12: Teores máximos de metais pesados e iodo autorizados em França para as algas marinhas destinadas ao consumo humano.

Contaminante	Algas Produtos hortícolas ou condimentos (Em mg/kg de peso seco)	Suplementos alimentares (em mg/kg de produto vendido como tal)
Arsénio inorgânico	3	-
Cádmio	0,5	3
Mercure	0,1	0,1

Chumbo	5	3
Estanho	5	-
Iodo	2 000	-

O quadro resume os últimos pareceres e textos regulamentares até novembro de 2010. Em 2009, a AFSSA publicou um novo parecer sobre o teor máximo recomendado de arsénio inorgânico nas algas e sobre o consumo de algas, dado o seu elevado teor de iodo. O teor máximo de arsénio inorgânico de 3 mg/kg de peso seco recomendado pelo CSHPF em 14 de outubro de 1997 foi mantido. No entanto, a AFSSA recomendou no seu último parecer que o limite máximo de 2 000 mg/kg de iodo fosse aplicado a todas as espécies de algas comestíveis. A exceção para as algas marinhas naturalmente muito ricas em iodo (kelp, *Gracilaria*) não foi mantida. No entanto, os processos de transformação tecnológica podem reduzir o teor inicial de iodo das algas marinhas, tornando possível a comercialização de algas que cumprem a regulamentação. Embora os pareceres da AFSSA não sejam textos regulamentares, é importante notar que a DGCCRF pode consultá-los durante as inspecções, servindo os pareceres da AFSSA como referência. Não existe um parecer comunitário sobre os teores máximos de iodo nas algas marinhas.

Na Alemanha, onde vários lotes de algas chinesas foram retirados do mercado, a legislação fixa o nível autorizado de iodo nos produtos alimentares em 20 mg por kg de peso fresco.

10.1.5 Teor máximo de cádmio e chumbo nas algas :

O Regulamento (CE) n.º 1881/2006, de 19 de dezembro de 2006, fixa os teores máximos de certos contaminantes nos géneros alimentícios, como nitratos, aflatoxinas, metais pesados, dioxinas e hidrocarbonetos aromáticos policíclicos. O Regulamento (CE) n.º 629/2008, que altera o Regulamento (CE) n.º 1881/2006, menciona especificamente as algas marinhas pela sua capacidade natural de fixar o cádmio. Este último regulamento da UE estabelece níveis máximos de cádmio para os suplementos alimentares produzidos exclusiva ou principalmente a partir de algas marinhas. O nível máximo é fixado em 3 mg/kg de peso bruto do suplemento alimentar (recipiente + conteúdo), ou seja, um valor mais elevado do que o anteriormente fixado pela CSHPF para as algas alimentares (0,5 mg/kg seco).

O Regulamento (CE) n.º 629/2008 também estabelece um teor máximo de chumbo para os suplementos alimentares em geral, ou seja, 3 mg/kg de peso bruto. Ao contrário do cádmio, este limite máximo é inferior ao limite máximo estabelecido pela CSHPF para as algas alimentares (5 mg/kg de peso seco). No entanto, para os suplementos alimentares, o recipiente deve ser tido em conta e o teor máximo é dado por kg de peso bruto do suplemento alimentar.

As restrições à utilização de algas marinhas nos alimentos são, por conseguinte, complexas, uma vez que existem diferentes valores máximos de metais pesados para as algas marinhas frescas ou secas consumidas como vegetal ou condimento e para as algas marinhas utilizadas em suplementos alimentares. Os valores máximos de metais pesados para os suplementos alimentares são valores europeus, enquanto os valores máximos para as algas marinhas frescas ou secas consumidas como vegetais ou condimentos são níveis estabelecidos a nível nacional em França.

10.1.6 Microbiologia :

Para concluir estes aspectos regulamentares, as algas marinhas em saquetas, sob a forma de produtos secos, devem cumprir os critérios microbiológicos estabelecidos no parecer da CSHPF. É igualmente importante recordar as disposições comunitárias em vigor relativas aos critérios microbiológicos dos géneros alimentícios. Estas normas visam assegurar que os produtos não contenham níveis perigosos de microrganismos patogénicos, garantindo assim a segurança dos consumidores.

Quadro 13: Critérios microbiológicos a cumprir de acordo com a CSHPF.

Critérios microbiológicos	Valores máximos autorizados
Germes aeróbios mesófilos	$\leq 10^5$ / g

Coliformes fecais	≤ 10 / g
Anaeróbios redutores de sulfito	$\leq 10^2$ / g
Staphylococcus aureus	$\leq 10^2$ / g
Clostridium perfringens	≤ 1 / g
Salmonela	Ausência em 25 g

10.1.7 Relativamente aos colóides de algas comestíveis :

Os polissacáridos derivados de macroalgas, anteriormente apresentados como colóides alimentares, estão listados nos códigos europeus de aditivos alimentares.

Quadro 14: Códigos europeus de aditivos alimentares para colóides de algas.

Nome do coloide	**Código europeu dos aditivos alimentares**
Ácido algínico	E 400
Alginato de sódio	E 401
Alginato de potássio	E 402
Alginato de amónio	E 403
Alginato de cálcio	E 404
Alginato de propilenoglicol	E 405
Ágar-ágar	E 406
Carragenina	E 407
Carragenina semi-refinada	E 407 a

No que respeita às carrageninas, é importante referir os dados toxicológicos que lhes estão associados. A Dose Diária Admissível (DDA) está fixada em 75 mg/kg. Nas doses habitualmente utilizadas, não foram observados efeitos adversos. No entanto, alguns estudos sugerem que estes compostos poderiam atuar como imunossupressores, potencialmente capazes de perturbar a produção de anticorpos e a imunidade anti-tumoral. Além disso, sabe-se que as carrageninas degradadas têm um efeito ulcerogénico no cólon, mesmo em doses moderadas. Por conseguinte, é estritamente proibida a utilização de carrageninas que tenham sofrido modificações químicas conducentes a uma degradação parcial.

10.2 Em cosméticos :

A regulamentação aplicável às macroalgas no sector dos cosméticos é idêntica à das microalgas. Até à data, não existe regulamentação específica para as "algas" nos cosméticos. A utilização das macroalgas deve respeitar as restrições regulamentares gerais e as recomendações oficiais clássicas, como as alegações, as certificações, as recomendações REACH e as nomenclaturas para os cosméticos. A fim de alterar a regulamentação neste sector, os grandes grupos uniram-se a nível europeu para propor boas práticas de fabrico com a norma ISO 22716 e para apoiar a introdução de uma regulamentação mais rigorosa para os produtos cosméticos até 2013, nomeadamente com o regulamento REACH (CE n.º 1223/2009, que entrou em vigor em 11 de julho de 2013).

A ISO/TC 217 e a ISO/NP 16128 definem critérios técnicos para ingredientes e produtos cosméticos "naturais" e "orgânicos". Para incluir extractos cosméticos derivados de macroalgas, é suficiente uma descrição do extrato utilizado; não é obrigatório especificar as espécies de algas utilizadas.

A nomenclatura INCI, introduzida em 1973 pela C.T.F.A. (Cosmetic, Toiletry and Fragrance Association) e tornada obrigatória na Europa em 1998, informa os consumidores sobre a composição dos ingredientes por ordem decrescente de concentração, sob uma denominação reconhecida internacionalmente.

10.3 Outros sectores :

Existem também regulamentações específicas que regem a utilização de algas como fertilizantes (NF U 42-001), corretivos orgânicos do solo (NF U 44-051), corretivos de solo à base de calcomagnésio (NF U 41-001; NF U 44-203) e suportes de cultura (NF U 44-551; NF U 44-571).

10.4 O sector das algas biológicas :

Desde a entrada em vigor do Regulamento CE n.º 710/2009, a produção de algas marinhas é regida pelo regulamento europeu sobre a agricultura biológica. Atualmente, cerca de uma dezena de operadores bretões do sector das algas marinhas já dispõem de certificação biológica, quer se trate de produtos alimentares que contêm algas marinhas, de factores de produção (como os corretivos do solo ou os fitoestimulantes) ou de cosméticos (segundo especificações privadas).

Existe uma vasta gama de produtos alimentares biológicos à base de algas: algas frescas salgadas, sal de algas, tártaro de algas, pão e queijo de algas, flocos de algas desidratadas, etc. Uma empresa bretã comercializa igualmente ágar-ágar biológico utilizado como gelificante. Quanto às empresas que incorporam algas marinhas em produtos cosméticos, estas são certificadas segundo especificações privadas, como as da Cosmébio, Nature & Progrès ou BDIH.

O regulamento europeu relativo aos produtos biológicos, interpretado pelo INAO (guia de leitura francês), estipula que as algas marinhas só podem ser certificadas como biológicas se forem colhidas ou cultivadas em massas de água classificadas como tendo um "bom estado ecológico" ou um "estado ecológico muito bom", de acordo com a Diretiva-Quadro da Água (DQA - 2000/60), e se cumprirem igualmente outros critérios sanitários e químicos.

CAPÍTULO 5: ANÁLISE E PERSPECTIVAS

1. Reacções dos workshops temáticos de brainstorming :

Os principais pontos que emergiram dos workshops temáticos realizados no simpósio "Algas: sectores do futuro" são resumidos a seguir.

1.1 ART 1: Programas de genómica funcional das algas: um trunfo para as biotecnologias :

1.1.1 Situação atual :

À escala mundial, a investigação sobre algas, tanto macro como micro, beneficia de uma base sólida de competências diversificadas. Os principais centros de investigação, como o CNRS, o CEA e o Ifremer em França, bem como instituições semelhantes noutras partes do mundo, têm numerosas equipas de investigadores. Estas instituições publicam em grande escala em revistas de referência, apesar de enfrentarem uma concorrência internacional intensa. Os Estados Unidos e a Ásia, em particular, são os principais actores neste domínio, com investimentos consideráveis na investigação sobre as algas.

Encontramo-nos num momento crucial em que o potencial da investigação sobre algas precisa de ser melhor estruturado e reforçado para responder aos grandes desafios da genómica, nomeadamente em termos de propriedade industrial. É necessária uma melhor coordenação e uma maior visibilidade das iniciativas internacionais para progredir neste domínio.

No contexto da biologia moderna, o acesso aos genomas dos organismos de interesse é essencial para o desenvolvimento de programas de genómica funcional. Estão em curso a nível mundial programas de sequenciação maciça de estirpes de algas, que devem ser prosseguidos. O desafio estratégico em termos de propriedade industrial é considerável, uma vez que os conhecimentos actuais são ainda fragmentários. Atualmente, as espécies exploradas são muitas vezes colhidas diretamente do seu ambiente natural ou cultivadas a partir de estirpes retiradas do meio natural. Tal como na agricultura, em que as variedades cultivadas têm caraterísticas muito diferentes das dos seus antepassados selvagens, será necessário um processo de domesticação e seleção para desenvolver variedades de algas optimizadas para aplicações específicas. Para ser eficaz e rápido, este processo terá de se basear nos progressos da genómica. Foram apresentadas as seguintes propostas:

1.1.2 Propostas

1.1.2.1 Desenvolver a domesticação de espécies de interesse aquícola e biotecnológico

- ✓ **Adoção de uma abordagem global da cultura**: Incentivar uma abordagem integrada que tenha em conta os conflitos de utilização e a aquicultura integrada.
- ✓ **Implementar a seleção varietal**: Visar não só a produção de compostos de interesse através da reprogramação metabólica, mas também a adaptação aos sistemas de cultivo, controlando os ciclos de vida e outros factores relevantes.
- ✓ **Antecipação de problemas fitopatológicos**: Tomar medidas para assegurar a sustentabilidade da produção através da antecipação de problemas fitopatológicos.

1.1.2.2 Apoio à produção de conhecimentos sobre organismos-modelo

- ✓ **Exploração da biodiversidade natural**: Aumento dos esforços para explorar e compreender a biodiversidade natural das algas.
- ✓ **Reforçar o conhecimento dos modelos-chave**: Desenvolver uma base sólida de conhecimentos sobre a biologia de alguns modelos-chave.
- ✓ **Fornecimento de bases científicas para o melhoramento de variedades**: Estabelecer bases científicas para racionalizar e otimizar os programas de melhoramento de variedades.

1.1.2.3 Passar da genómica funcional para a biologia sistémica e integrativa

- ✓ **Reforço da formação dos jovens investigadores**: Melhorar a formação dos jovens investigadores neste sector inovador.
- ✓ **Desenvolver a multidisciplinaridade**: Incentivar a colaboração entre diferentes disciplinas, como a biologia, a química, a ecologia, a matemática e a bioinformática.
- ✓ **Estabelecer um roteiro de sequenciação**: Desenvolver um plano para a sequenciação de novas espécies de micro e macroalgas.
- ✓ **Desenvolver ferramentas genéticas e abordagens "ómicas"**: Criar ferramentas e métodos "ómicos" para espécies de interesse que ainda não são acessíveis a estas técnicas.

1.2 ART 2: Cultivo e colheita de algas marinhas :

1.2.1 Situação atual :

A conferência Adebiotech revelou as disparidades entre os sectores das macroalgas e das microalgas. As macroalgas, que são utilizadas em grandes quantidades (milhões de toneladas) em mercados como a indústria alimentar, têm também potencial para o fabrico de biomateriais a curto prazo. As microalgas, pelo contrário, são produzidas em quantidades muito mais pequenas (10 000 toneladas por ano). O seu desenvolvimento é travado principalmente pelo elevado custo de produção e transformação, limitando a sua utilização a sectores de elevado valor acrescentado, como as incubadoras, a cosmética e os nutracêuticos.

Embora as macroalgas sejam amplamente utilizadas na indústria alimentar, ainda são demasiado caras para aplicações energéticas. Isto levanta questões sobre os desafios técnicos e económicos que estas indústrias enfrentam.

1.2.2 Otimização da produção :

A produção de algas por fotossíntese depende da interação entre três elementos essenciais:

- ✓ Um organismo biológico
- ✓ Um ambiente em crescimento
- ✓ Luz, cuja intensidade e qualidade variam com o tempo

Para otimizar esta produção, é crucial melhorar a gestão destas interações. Isto inclui o desenvolvimento de bioprocessos que integrem todos os aspectos desta interação: otimização das estirpes e das condições de crescimento para uma maior eficiência económica, gestão da luz (incluindo a difusão no interior das culturas e a utilização de comprimentos de onda não necessários para a fotossíntese, como os infravermelhos) e colheita e biorefinação da biomassa para maximizar o seu valor.

As culturas de fermentação, que não necessitam de luz, podem oferecer uma solução para os desafios associados à gestão da luz. No entanto, as suas limitações e mercados continuam a ser explorados em maior pormenor.

1.2.3 Desafios da separação e da recuperação :

A separação da biomassa de algas do seu meio de cultura, normalmente por centrifugação, continua a ser uma operação dispendiosa. Embora tenham sido testadas outras tecnologias nas últimas duas décadas, nenhuma foi ainda amplamente adoptada pelos produtores de microalgas.

Para além dos avanços tecnológicos, duas outras abordagens podem melhorar os equilíbrios técnicos e económicos dos projectos de algas:

- ✓ **Desenvolvimento de produtos** melhorados: Encontrar melhores formas de desenvolver produtos derivados de algas marinhas.
- ✓ **Utilização de efluentes industriais**: Substituir os factores de produção das culturas (carbono, azoto, fósforo) por efluentes industriais, o que também pode gerar rendimentos adicionais.

Este seminário centrar-se-á principalmente na segunda abordagem, a utilização de efluentes industriais.

1.3 ART 3: Gestão dos fluxos e dos processos industriais Situação atual :

1.3.1 Situação atual :

Os principais obstáculos à produção industrial de microalgas encontram-se nas fases de cultivo e de colheita. As análises do ciclo de vida mostram que a energia consumida provém principalmente de fontes eléctricas, utilizadas para agitar e separar a biomassa, bem como para injetar CO_2. Um dos principais desafios é a separação da matéria algal da água intersticial e de composição, uma operação particularmente intensiva em termos energéticos. Embora existam tecnologias, estas nem sempre são adequadas para uma extrapolação em grande escala, exigindo uma quantidade suficiente de biomassa para poder ajustar os processos actuais. Entre os condicionalismos adicionais contam-se os associados à utilização de água do mar, onde a presença de sais exige equipamentos e processos específicos. Os desafios da injeção de $CO_{(2)}$ e do controlo da temperatura são também complexos de ultrapassar num ambiente aberto, devido à influência de elementos atmosféricos como o sol, a chuva e o vento. Além disso, o crescimento das algas requer a entrada de azoto, fósforo e outros elementos minerais, para além de água e CO_2. É, pois, fundamental analisar o trajeto destes elementos para maximizar a sua reciclagem. O fecho dos fluxos é essencial para reduzir os custos de produção relacionados com os factores de produção e reduzir o impacto ambiental do processo.

1.3.2 Propostas :

Para melhorar os processos de transformação das microalgas, as análises iniciais do ciclo de vida mostram que é necessário :

- ✓ Otimização dos sistemas de cultivo e de colheita para reduzir o consumo de energia.
- ✓ Estudar a reciclagem e a recuperação de todos os fluxos, como a água, os minerais e o CO_2.
- ✓ Favorecer e examinar o cracking e a refinação de todos os materiais recuperáveis, tendo em conta os elevados custos associados à produção e à transformação das algas, o que exige o desenvolvimento de inovações revolucionárias.
- ✓ Criar projectos-piloto completos de biorrefinaria industrial, semelhantes aos do sector dos biocombustíveis à base de plantas, a fim de validar conceitos, avaliar impactos e especificar custos de produção.

1.4 ART 4: Acrescentar valor às algas marinhas em mercados de elevado valor acrescentado :

1.4.1 Situação atual :

Desde há muitos anos que as algas marinhas são objeto de desenvolvimentos nos sectores da cosmética, da nutracêutica e da alimentação, tanto para consumo humano como animal. Durante este seminário temático, vários exemplos concretos ilustraram estes avanços. Um exemplo notável foi a apresentação do desenvolvimento bem sucedido de uma microalga como suplemento nutricional, nomeadamente do ponto de vista da regulamentação comunitária. A utilização de microalgas como reactores celulares para a produção de moléculas de interesse médico, como as proteínas recombinantes (marcadores biológicos, vacinas, etc.), ou de interesse cosmético e nutracêutico, foi igualmente destacada. No sector da alimentação animal, e mais especificamente na aquicultura, as microalgas inteiras são há muito utilizadas como alimento para rotíferos, alevins e peixes. Foi descrita uma atividade industrial neste domínio, dando uma ideia concreta das condições de produção, das espécies cultivadas e dos interesses económicos envolvidos.

Além disso, foram descritas várias vias metabólicas resultantes do metabolismo primário e/ou secundário, abrindo a possibilidade de obter moléculas de interesse nos domínios da saúde e da nutrição, por exemplo em oncologia e imunologia. Em França, a indústria das algas tem de ultrapassar uma série de obstáculos científicos, tecnológicos e regulamentares para se poder desenvolver plenamente. No entanto, uma etapa essencial é a identificação das necessidades do mercado, que determina o sucesso comercial e económico de uma molécula natural original. Esta tarefa torna-se ainda mais complexa pelo facto de os potenciais campos de aplicação das micro e macroalgas serem diversos, devido à biodiversidade das algas, cujo inventário permanece incompleto até à data.

Uma vez identificados uma necessidade e um mercado, é necessário eliminar os obstáculos científicos, nomeadamente através da identificação das espécies e estirpes susceptíveis de interessar, tanto em termos de produção de ingredientes activos específicos como da viabilidade do seu cultivo. A seleção de uma estirpe produtiva é de pouca utilidade se se revelar difícil de cultivar. Além disso, pode ser necessário sobre-expressar certas vias de síntese bioquímica para produzir metabolitos de interesse, o que constitui um desafio em si mesmo. Do ponto de vista tecnológico, é crucial implementar etapas de produção, extração e purificação que permitam obter o material desejado de forma económica e em conformidade com a legislação em vigor (por exemplo, respeitar a diretiva REACH no caso da extração por solventes, tendo em conta os vestígios residuais). Nesta perspetiva, deve ser considerado o desenvolvimento de tecnologias de extração "verdes", à semelhança do que se faz na indústria vegetal tradicional.

Por outro lado, os desafios científicos, tecnológicos e económicos são acompanhados de constrangimentos ligados à propriedade intelectual, um aspeto frequentemente negligenciado pelos investigadores. A identificação de uma estirpe de interesse ou de um processo de produção eficaz tem pouco interesse se não puder ser explorada livremente. Se for esse o caso, é imperativo examinar a possibilidade de proteger a invenção através de um pedido de patente, desde que seja possível apresentar provas suficientes do carácter inventivo do trabalho realizado. Estas considerações requerem o envolvimento de peritos e representam serviços morosos e dispendiosos, nomeadamente para as pequenas empresas. A recente estruturação dos organismos científicos (CNRS, INRA, INSERM, etc.) e dos estabelecimentos de investigação académica (universidades, escolas) no domínio do desenvolvimento da investigação e da transferência de tecnologia constitui um trunfo importante para ultrapassar este constrangimento.

Por fim, a colocação de um material ou de um princípio ativo no mercado exige o respeito da regulamentação em vigor. Este aspeto do desenvolvimento é frequentemente subestimado, tanto em termos de obrigações legais como de custos. A preparação dos pedidos de autorização de introdução no mercado é geralmente um processo longo e dispendioso. Este seminário temático conduziu, por conseguinte, à formulação das propostas que se seguem.

1.4.2 Propostas :

Observação 1: É crucial dar prioridade à identificação de mercados emergentes e de mercados de particular interesse para ingredientes activos inovadores derivados da biomassa de algas.

- ✓ **Proposta 1:** Criar uma estrutura de informação económica dedicada à indústria das algas, abrangendo os níveis nacional, europeu e internacional.

Conclusão 2: Embora a criação de institutos e o desenvolvimento de plataformas tecnológicas estejam a ser estruturados, a visibilidade para a indústria continua a ser limitada.

- ✓ **Proposta 2:** O governo deve apoiar a investigação, incentivando os cientistas a colaborar e a reunir os seus recursos numa região. As plataformas tecnológicas devem incluir todas as fases essenciais para a indústria, como a extração, a purificação, a caraterização e, potencialmente, o rastreio da atividade. Devem também ser apoiadas iniciativas académicas destinadas a criar e desenvolver bibliotecas de extractos ou bibliotecas de extractos marinhos acessíveis à indústria, bem como a criação de "phycobanks" dedicados às microalgas.

Conclusão 3: Os consumidores vêem a ligação entre a biomassa bruta e os activos que contém?

- ✓ **Proposta 3:** Introduzir um sistema de rastreabilidade dos activos ao longo de todo o processo para garantir a segurança de todos os intervenientes na cadeia industrial e aumentar a confiança dos consumidores na qualidade dos produtos derivados de algas.
- ✓ **Propostas adicionais :**
- ✓ **Apoio à propriedade intelectual:** O governo francês deve reforçar a criação de uma propriedade intelectual sólida em França, dotando os institutos de

desenvolvimento, as plataformas de investigação e desenvolvimento e os pilotos industriais de estruturas capazes de ajudar as empresas do sector das micro e macroalgas a desenvolver e a proteger a sua tecnologia. Estas estruturas deveriam poder efetuar bibliografias detalhadas, análises de liberdade de exploração, pesquisas de anterioridade, cartografia de patentes e projectos de patentes.

✓ **Apoio a iniciativas para colocar os produtos no mercado:** O governo francês deve também apoiar iniciativas inovadoras para colocar no mercado materiais e ingredientes activos à base de micro e macroalgas, ajudando as empresas, em particular as PME e as PMEs que são muito activas neste domínio. Isto inclui :

- Financiamento de estudos regulamentares preliminares.
- Apoio à elaboração de dossiers de autorização regulamentar, potencialmente através de estruturas partilhadas (plataformas, institutos) em perfeita sinergia com os pólos de competitividade do sector.
- Apoiar as abordagens colectivas do sector junto das autoridades reguladoras europeias, por exemplo, apoiando o pedido de criação de um rótulo biológico para as macroalgas destinadas a utilização alimentar.

1.5 ART 5: Produção de energia e aplicações ambientais :

1.5.1 Situação atual :

Num contexto de grande divulgação mediática, embora o conceito de biocombustíveis pareça ser uma opção energética promissora para o futuro, é evidente que será necessário um grande esforço de investigação e desenvolvimento para tornar o sector das algas economicamente viável à escala industrial e para melhorar os balanços energéticos. A comunidade científica estima que serão necessários 10 a 15 anos para que os biocombustíveis de terceira geração atinjam a maturidade técnica.

Do ponto de vista da investigação e do desenvolvimento, a expansão do conceito de algas poderá depender de uma exploração aprofundada da biodiversidade das microalgas, de uma melhoria significativa da produtividade e da estabilidade dos processos de cultura e da otimização dos sistemas de colheita e de extração, reduzindo simultaneamente os custos e a energia necessários. Será essencial passar por uma fase pré-industrial antes de visar a produção em grande escala, concentrando-se inicialmente na produção de moléculas de elevado valor acrescentado. Esta abordagem deverá integrar o conceito de biorrefinaria e examinar as oportunidades oferecidas pela utilização de matérias-primas líquidas ou gasosas provenientes da reciclagem industrial, como o CO_2, o azoto e o fósforo.

A associação, sob a égide e com o apoio do Estado, de um grupo de industriais ligados à produção de CO_2, às indústrias da água e do mar, bem como aos sectores da aeronáutica, dos transportes terrestres e marítimos e da petroquímica, será certamente necessária para permitir a emergência de uma indústria integrada.

Foram identificadas importantes alavancas e factores de sucesso. Os actores políticos terão de ser fortemente envolvidos e desempenhar um papel fundamental na implementação dos sectores, no que diz respeito aos conflitos de utilização, ao ordenamento do território e à regulamentação da exploração do património aquático nacional marítimo e continental com vista à produção de biomassa de algas. A aceitabilidade social dos produtos deste sector deverá também ser analisada com especial atenção, nomeadamente no âmbito das biorrefinarias.

Por último, a escolha das matérias-primas deverá ter em conta não só os aspectos económicos, mas também os impactos ambientais, nomeadamente as emissões de gases com efeito de estufa e os efeitos sobre os recursos e os ecossistemas.

1.5.2 Propostas :

Uma abordagem global que tenha em conta todos os aspectos acima referidos conduzirá ao desenvolvimento de novos modelos de negócio que evoluem em função dos progressos tecnológicos (rendimentos, fases de normalização) e dos novos mercados a integrar e a desenvolver. Para enfrentar com êxito estes desafios e dar visibilidade a esta atividade à escala internacional, foram apresentadas várias propostas no Workshop 5 "Produção de energia e aplicações ambientais":

- ✓ Estabelecer um roteiro nacional para orientar e estruturar os esforços no sector dos algo-combustíveis e das aplicações ambientais.
- ✓ Criar uma estrutura conjunta para coordenar, dirigir e promover os esforços de investigação e desenvolvimento (I&D) públicos e industriais, a fim de maximizar as sinergias e a eficácia dos projectos.

- ✓ Criação de demonstradores em grande escala em paralelo com a investigação fundamental, assegurando uma interação dinâmica entre os dois para acelerar a aplicação das inovações.
- ✓ Criar um programa de formação adequado para colmatar a falta de técnicos, engenheiros e investigadores neste domínio multidisciplinar, essencial para o desenvolvimento do sector.
- ✓ Antecipar e ativar as alavancas legislativas e regulamentares necessárias para apoiar e supervisionar o desenvolvimento de tecnologias ligadas à produção de energia a partir de algas e a aplicações ambientais.

1.6 ART 6: Química e Agro-materiais :

1.6.1 Situação atual :

Os debates no âmbito do ART da Química e dos Agro-Materiais conduziram às seguintes conclusões

As microalgas e as macroalgas representam uma biomassa que oferece uma diversidade interessante de compostos, com uma complementaridade e originalidade significativas em comparação com os compostos derivados de biomassas terrestres. As indústrias que servem os mercados dos produtos químicos e dos agro-materiais necessitam de um abastecimento constante em termos de quantidade e qualidade.

No caso das macroalgas, a indústria extractiva já está bem estabelecida, nomeadamente com a produção de texturantes alimentares e técnicos, bem como de extractos utilizados na agricultura, na alimentação animal e na cosmética. No entanto, será necessário aumentar a produção para satisfazer as necessidades crescentes das indústrias química e dos materiais. Este desafio é menos acentuado para as macroalgas do que para as microalgas.

A biomassa só pode ser obtida a partir de culturas cujos métodos sejam bem conhecidos e controlados, de modo a garantir uma quantidade suficiente de material renovável de qualidade consistente. A produtividade naturalmente elevada das algas deverá permitir a obtenção de grandes biomassas sem recorrer a organismos geneticamente modificados, o que favorecerá a aceitação social da sua utilização.

A utilização de algas marinhas também reduziria consideravelmente o consumo de recursos de água doce, uma vez que a água do mar está disponível em abundância nas zonas costeiras ou em sistemas offshore.

Nos países ocidentais, será provavelmente mais fácil desenvolver produtos químicos a partir de algas do que habituar os consumidores a utilizá-las nos seus alimentos. Esta abordagem permitiria reservar as terras agrícolas para as culturas alimentares, utilizando simultaneamente os mares para fornecer intermediários para produtos químicos e materiais.

Por último, existe já um conhecimento sólido a nível nacional sobre a matéria algal e a química dos seus constituintes, o que deverá ser favorável ao desenvolvimento deste sector a médio prazo.

1.6.2 Propostas :

- ✓ Desenvolver a produção de algas de alta qualidade e a baixo custo em quantidades suficientes para satisfazer as necessidades industriais.
- ✓ Continuar a explorar o potencial de valorização agroquímica da biomassa de algas, a fim de descobrir novas aplicações e oportunidades.
- ✓ Identificar os principais sectores de valor acrescentado que tornarão a indústria rentável e assegurarão a sua viabilidade económica a longo prazo.

2. Perspectivas

Em todo o mundo, muitas regiões beneficiam de condições climáticas favoráveis à cultura de algas, bem como de vastas costas marítimas ideais para esta atividade. Com milhares de quilómetros de costa espalhados pelo globo, muitos países dispõem de extensas Zonas Económicas Exclusivas, oferecendo uma rica biodiversidade nos seus ecossistemas costeiros (salinas, lagoas, baías pouco profundas, etc.), desde as regiões tropicais às zonas polares, passando pelos climas temperados. Esta diversidade é acompanhada pela presença de numerosas espécies de plantas marinhas potencialmente cultiváveis e valiosas.

A nível global, várias nações destacam-se pela sua liderança em publicações científicas e registos de patentes no domínio da ciência e tecnologia das algas. As competências em matéria de investigação e desenvolvimento (I&D) são variadas e abrangem toda a cadeia de valor, desde a genómica até à biorefinaria, incluindo a engenharia de processos para o cultivo, a colheita e a transformação. Vários intervenientes académicos e industriais estabeleceram-se como referências internacionais, nomeadamente através de grandes projectos de colaboração apoiados por pólos de competitividade e co-financiados por várias agências públicas e privadas.

A indústria das algas já está bem estabelecida em várias regiões do mundo, com empresas que operam nos mercados das macroalgas para a alimentação, a agricultura e os cosméticos, bem como das microalgas para os produtos nutracêuticos e a aquicultura. Estas empresas, muitas vezes de pequena ou média dimensão, estão fortemente envolvidas na inovação e desempenham um papel crucial em muitos projectos de I&D. Esta dinâmica revela uma vontade real das empresas de desenvolverem as suas actividades neste sector, adaptando as suas competências ou criando novas actividades.

Para estruturar este sector à escala global, foram criadas várias iniciativas e parcerias internacionais, reunindo diversos actores académicos, industriais e institucionais. O objetivo destas parcerias é apoiar projectos estruturantes para o sector, com a ambição de atingir a escala industrial.

Além disso, foram criados clusters e grupos de intervenientes em várias partes do mundo para congregar esforços de investigação e inovação. Estas iniciativas testemunham o entusiasmo internacional pelo desenvolvimento da indústria das algas e o interesse de empresas de todos os sectores em participar no seu crescimento.

No entanto, o mundo inteiro sofre com a dispersão das suas competências académicas e com a fraqueza dos seus meios tecnológicos, que se encontram frequentemente dispersos por vários grandes organismos de investigação. As estruturas do sector privado, muitas vezes de pequena dimensão, nem sempre dispõem dos recursos necessários para ir além das suas possibilidades técnicas e financeiras. Além disso, várias regiões não dispõem de demonstradores industriais de dimensão significativa, o que as torna menos competitivas em relação a grandes potências como os Estados Unidos e certos países asiáticos. Este atraso deve-se principalmente à falta de investimentos públicos e privados, o que dificulta o desenvolvimento global do sector. A atitude de esperar para ver dos grandes grupos industriais em muitas regiões também está a atrasar a industrialização dos processos, apesar de não ser possível construir um sector industrial global sem o seu empenho. Embora vários países sejam líderes em termos de publicações e patentes, estão muito atrasados em termos de investimento em comparação com os Estados Unidos, a China e mesmo o Reino Unido, onde já foram investidos mais de dois mil milhões de dólares neste sector.

Os EUA, em particular, atraíram 80% do investimento global em algas, com gigantes industriais como a Exxon Mobil, a Shell e a HR Petroleum envolvidos em projectos de grande escala. Estes investimentos são essenciais se quisermos ultrapassar os desafios técnicos e económicos que foram identificados. À escala mundial, o co-investimento público-privado poderá ser a chave do sucesso da indústria das algas, acompanhado de uma estratégia global de propriedade intelectual. Os países mais agressivos neste domínio, nomeadamente os Estados Unidos, a China e o Japão, estão a bloquear a indústria num aprisionamento tecnológico através de um grande número de patentes, tornando a indústria lucrativa para os líderes de mercado.

Para que as algas se tornem uma matéria-prima viável para os mercados de massas (produtos químicos, ambiente, energia), é necessário reduzir os custos de produção e processamento e eliminar as barreiras tecnológicas que limitam a produção em grande escala. As questões relacionadas com a utilização de combustíveis fósseis e a proteção do ambiente estão a impulsionar a exploração de novas alternativas em termos de produção e consumo de energia à escala global.

Neste contexto, as algas, tanto macro como micro, podem representar uma alternativa interessante para vários sectores (agroalimentar, cosmética, ambiente, bioenergia).

Com o apoio das organizações de investigação e dos grupos de partes interessadas, as iniciativas globais devem estruturar a investigação à escala internacional.

Tal permitirá desenvolver as competências académicas na perspetiva de objectivos industriais realistas e partilhados, bem como preparar as leis e regulamentações necessárias para integrar este sector na sociedade e nas regiões em causa. O reforço e a criação de centros técnicos, plataformas tecnológicas e centros de excelência permitirão reunir os intervenientes e dotar a investigação dos meios necessários para responder às exigências da indústria. O aumento de escala e a transferência de tecnologias do laboratório para a indústria só serão possíveis se todos estiverem envolvidos em programas de I&D em colaboração e em demonstradores industriais. Estes instrumentos permitirão testar, otimizar e validar as tecnologias desenvolvidas em pequena escala, antes de passar a instalações industriais economicamente viáveis. Por último, esta estruturação das forças de I&D incentivará os grandes grupos a investir a montante nos projectos e a criar uma verdadeira ligação entre a investigação e a indústria, catalisando assim o desenvolvimento do sector das algas à escala mundial.

3. Apresentação dos intervenientes no sector das algas a nível mundial :

Deste trabalho preliminar resulta que os actores, tanto os laboratórios de investigação como as empresas especializadas em micro e macroalgas, se concentram principalmente em certas regiões costeiras, como o Mediterrâneo, a Ásia Oriental, a América do Norte e o Norte da Europa. As empresas de macroalgas estão principalmente localizadas em regiões como a Bretanha, em França, a Noruega e o Japão, onde as condições climáticas e ambientais favorecem o seu cultivo. As empresas de microalgas, nomeadamente os produtores de spirulina, estão presentes em regiões mais diversificadas, incluindo o Mediterrâneo, o Sudeste Asiático, a América do Norte e mesmo regiões continentais afastadas da costa, como partes dos Estados Unidos, do Brasil e da Austrália.

Os estudos realizados, baseados num recenseamento parcial do sector, mostram a distribuição dos intervenientes segundo o seu tipo de atividade, nomeadamente a investigação e as empresas especializadas em macro e microalgas, bem como a distribuição dos laboratórios de investigação ao longo da cadeia de valor. Metade dos intervenientes inquiridos são empresas que operam no sector das microalgas.

É igualmente importante notar que muitas pequenas empresas do sector das macroalgas não foram incluídas devido à sua pequena dimensão e à dificuldade de as identificar. Cerca de um terço dos laboratórios mundiais envolvidos na indústria das algas concentra-se no estudo de estirpes, abrangendo vários domínios científicos, como a genómica e a metabolómica, enquanto outras actividades de investigação estão relativamente bem distribuídas ao longo da cadeia de valor.

4. Programas em curso e cooperação :

O anexo enumera os diferentes programas atualmente em curso, aprovados pelos pólos de competitividade e consórcios internacionais, com os diferentes parceiros envolvidos e os orçamentos atribuídos. Estes projectos ilustram a estreita cooperação entre a indústria e os laboratórios públicos em todo o mundo. No total, foram listados 51 projectos, com um orçamento global de, pelo menos, 350 milhões de euros. Uma análise rápida dos dados revela que a grande maioria dos orçamentos dos projectos é dedicada às microalgas (88%), com um orçamento médio mais elevado do que o atribuído às macroalgas. A repartição entre "investigação fundamental" e "desenvolvimento" é semelhante, com dois terços dos projectos de desenvolvimento a receberem 90% do financiamento. O orçamento médio é, por conseguinte, mais elevado para os projectos de desenvolvimento do que para os projectos de investigação fundamental.

5. Análise do sector das algas a nível mundial :

Nas páginas seguintes é apresentada uma análise pormenorizada dos dois sectores das algas, microalgas e macroalgas. Para cada sector, é descrita a cadeia de valor, com uma tipologia dos intervenientes envolvidos e os desafios tecnológicos identificados em cada fase. São então apresentadas as aplicações actuais e potenciais das algas, juntamente com as vantagens e desafios específicos de cada sector de aplicação, tanto para os mercados de elevado valor acrescentado como para os mercados de massas. Por último, esta secção inclui uma análise SWOT (pontos fortes, pontos fracos, oportunidades e ameaças) para cada um dos dois sectores.

O sector das microalgas, menos desenvolvido do que o das macroalgas, é objeto de um estudo para identificar os mercados acessíveis a curto, médio e longo prazo, em função das barreiras tecnológicas ultrapassadas.

Propostas estratégicas: Apoiar a emergência e a competitividade da indústria das algas à escala mundial.

6. Elaboração de um inventário do sector das algas marinhas e identificação dos estrangulamentos técnicos e económicos

- ✓ **Objectivos:**
  - Identificar as diferentes formas de utilização das algas e os condicionalismos associados (custo, qualidade, rastreabilidade do produto, impacto ambiental, balanço energético, etc.).
  - Harmonizar os custos dos produtos dos sectores com os mercados-alvo.
- ✓ **Acções :**
  - Elaborar um inventário detalhado dos sectores existentes e emergentes em termos de intervenientes (organismos de investigação, grandes grupos, PME), regulamentação, propriedade industrial, acções concertadas já realizadas e projectos estruturantes.
  - Realizar estudos específicos para cada sector: estudos de mercado e estudos de viabilidade técnica e económica (maturidade do sector, prazos de execução, necessidades).
  - Desenvolver roteiros específicos para cada sector: processos a desenvolver, esforços de I&D, quadro legislativo, planeamento, mercados actuais e futuros até 2020.
  - Considerar a possibilidade de criar um intercâmbio de produtos/co-produtos para formar uma cadeia semelhante ao conceito de biorefinaria, em que os co-produtos de um sector possam ser utilizados como matérias-primas por outro.

7. Acelerar o processo de inovação para eliminar os obstáculos tecnológicos :

Foram identificadas cinco áreas de trabalho como prioritárias:

7.1 Seleção de espécies e depois de estirpes adaptadas às necessidades dos sectores :

- ✓ **Objetivo:** Identificar e otimizar estirpes adequadas para utilização industrial.
- ✓ **Acções :**
  - Identificar bibliotecas públicas e privadas de stock em todo o mundo.
  - Estruturar a rede de bibliotecas de estirpes e as ferramentas necessárias para as utilizar e tornar o recurso mais fiável (acessibilidade, rastreabilidade).
  - Criar uma lista de laboratórios que trabalhem ou possam vir a trabalhar no rastreio de ingredientes activos para os sectores alimentar, cosmético e farmacêutico.
  - Incentivar projectos de I&D sobre o conhecimento das espécies e da sua biodiversidade.
  - Desenvolvimento de tecnologias de melhoramento de estirpes, sequenciação de genomas e desenvolvimento de modelos-chave.

7.2 Compreender os mecanismos de acumulação dos compostos de interesse :

- ✓ **Objetivo:** Compreender a relação entre as condições ambientais, a acumulação intracelular e a produtividade global.
- ✓ **Acções :**
  - Pesquisar e estudar as condições que favorecem a acumulação de compostos de interesse.
  - Identificar a atividade de genes-chave durante as fases de acumulação.
  - Avaliar e otimizar os efeitos das deficiências no ambiente natural.
  - Desenvolver uma abordagem de biologia integrativa para estudar os organismos como um todo.

7.3 Melhorar os processos de cultivo, colheita e extração, optimizando a sua produtividade e limitando o seu impacto:

- ✓ **Objetivo:** Aumentar a produtividade, minimizando os custos económicos e energéticos e o impacto ambiental.
- ✓ **Acções :**
  - Realizar uma observação industrial dos processos disponíveis e exploráveis no sector das algas.
  - Desenvolver sistemas de produção adaptados a diferentes sectores, desde a produção em pequena escala até às aplicações em grande escala.
  - Otimização das culturas intensivas e extensivas através do controlo dos factores climáticos e da automatização dos processos.
  - Desenvolvimento de técnicas sustentáveis de colheita e transformação da biomassa, bem como de processos de gestão dos fluxos.

7.4 Aumento de escala do processo, análise técnico-económica e avaliação do impacto :

- ✓ **Objetivo:** Prever com maior precisão as taxas de produtividade alcançáveis, os impactos e custos associados e definir os modelos económicos.
- ✓ **Acções :**
  - Estudar e avaliar a disponibilidade e a toxicidade dos efluentes industriais.
  - Aplicar abordagens de controlo biológico integrado para limitar a contaminação.
  - Desenvolvimento de instrumentos de acompanhamento das culturas e de antecipação dos riscos.
  - Avaliação dos riscos e impactos nos ecossistemas naturais associados à cultura em grande escala.
  - Recolha e validação de dados para a avaliação do ciclo de vida dos sistemas de produção.

7.5 Desenvolver sinergias de aplicação: ecologia industrial e economia circular :

- ✓ **O objetivo é capitalizar** o potencial ambiental e de tratamento de resíduos das algas e utilizá-las nos mercados industriais adequados.
- ✓ **Acções :**
  - Integrar a cultura de algas em ecossistemas industriais para o tratamento de efluentes e a recuperação de CO_2.
  - Integrar as algas como matéria-prima em processos de biorefinaria desenvolvidos para outros recursos agrícolas.

8. Incentivar o desenvolvimento de fabricantes de equipamentos :

- ✓ **Objetivo: Ter** a capacidade industrial para construir instalações de produção e transformação de algas marinhas que satisfaçam as necessidades de diferentes sectores e mercados.
- ✓ **Acções :**
  - Desenvolver a conceção, o fabrico e a instalação de fotobiorreactores, pistas de rega, lagos abertos e fermentadores em grande escala.
  - Criar demonstradores para eliminar os obstáculos tecnológicos ao cultivo em grande escala.
  - Desenvolver ferramentas de colheita e instalações de pré-tratamento, bem como instalações de biorefinaria.
  - Envolver os fabricantes de equipamentos de outros sectores nos projectos, para que possam adquirir as competências necessárias à construção de instalações em grande escala.
  - Incentivar o registo de patentes sobre as tecnologias desenvolvidas.

9. Trabalhar na integração das empresas na paisagem ambiental e social:

Foram identificadas três prioridades para a integração efectiva das empresas no contexto ambiental e societal.

9.1 Identificar os condicionalismos regulamentares, as necessidades de recursos e as barreiras territoriais :

- ✓ **Objectivos: Identificar** locais potenciais para novas empresas e compreender as limitações associadas a esses locais.
- ✓ **Acções :**
  - Apoiar os procedimentos regulamentares (legislação sobre a água, ICPE, etc.).
  - Definir as condições geográficas ideais para o local: proximidade da água do mar, da água doce, acesso à terra, sol, temperatura e sinergias com actividades industriais, agrícolas e aquícolas.
  - Identificar o ambiente tecnológico a montante, como a proximidade de laboratórios, empresas e efluentes.
  - Identificar o ambiente logístico a jusante (utilizadores finais dos produtos) para minimizar a pegada de carbono e o impacto ambiental.
  - Identificar e localizar os locais de produção sujeitos a regulamentação.
  - Alargar estes critérios aos departamentos e territórios ultramarinos franceses e ao resto do mundo (lagoas, zonas hipersalinas, etc.).

9.2 Avaliação e atenuação do impacto das empresas :

- ✓ **Objetivo:** Aplicar uma estratégia industrial para o desenvolvimento sustentável.
- ✓ **Acções :**

- Estudo da aceitabilidade ambiental (impacto potencial nos meios naturais) e da aceitabilidade social (gestão dos conflitos de utilização); desenvolvimento de métodos para minimizar o impacto ambiental.
- Harmonizar as técnicas de avaliação do ciclo de vida (ACV) e as bases de dados, a fim de facilitar a elaboração de uma ACV para cada processo e para as cadeias de valor industriais previstas.

9.3. Sensibilizar os organismos de formação para as necessidades do sector em termos de engenheiros e técnicos:

- ✓ **Objetivo:** Melhorar a gama de cursos oferecidos e garantir que as competências dos diplomados correspondem às necessidades da indústria.
- ✓ **Acções :**
  - Antecipar a procura de técnicos, engenheiros e estudantes de doutoramento por parte das empresas.
  - Alinhar a oferta de formação com a procura e as necessidades do mercado.
  - Desenvolver programas de formação contínua e módulos específicos para as empresas.
  - Incentivar os intercâmbios entre os estabelecimentos de investigação/formação e a indústria.

10. Apoiar a estruturação do sector das algas :

Foram identificadas três prioridades para reforçar a estrutura da indústria das algas.

10.1 Criar ferramentas de I&D partilhadas :

- ✓ **Objetivo:**
  - Reunir as competências dos vários intervenientes (académicos, indústria).

- Permitir que os chefes de projeto transfiram as suas tecnologias para a escala pré-industrial.

✓ **Acções :**

- Promover a criação de ferramentas, plataformas e demonstradores partilhados que abranjam todas as fases da cadeia de valor.
- Reforçar os bancos de estirpes e extractos de algas.
- Utilizar de forma coerente os convites à apresentação de projectos de colaboração do Estado, das Regiões e da Europa, com o apoio dos pólos de competitividade.

10.2 Incentivar a partilha de instrumentos de controlo e de avaliação comparativa :

✓ **Objetivo:** Aumentar a utilização pelas empresas e laboratórios dos serviços de apoio à inovação disponíveis nas regiões.

✓ **Acções :**

- Criar uma unidade de monitorização de patentes, publicações e intervenientes à escala internacional (por exemplo, um estudo de referência sobre clusters globais que trabalham com microalgas, lançado pelos clusters de competitividade relevantes).
- Reforçar o acompanhamento e a divulgação de informações sobre os convites à apresentação de projectos em colaboração com os pólos de competitividade.
- Desenvolvimento de uma estratégia de apoio à propriedade industrial.
- Ajuda nos procedimentos regulamentares e/ou toxicológicos, nomeadamente no sector alimentar.
- Mobilizar os sistemas de inovação existentes para apoiar a indústria das algas.

10.3 Identificar ou criar a estrutura adequada para representar o sector das algas na Associação Europeia de Biomassa de Algas (EABA).

- ✓ **Objetivo:** Responder à necessidade de um local de encontro para estruturar, desenvolver e gerir os sectores.
- ✓ **Acções :**
  - Identificar as estruturas existentes nos sectores das macro e microalgas e estabelecer ligações com a EABA para coordenar esforços à escala europeia (colaborações, respostas a convites à apresentação de projectos europeus).

CONCLUSÃO GERAL

As algas, frequentemente vistas como simples organismos aquáticos, revelam uma complexidade e um potencial insuspeitados através de uma exploração aprofundada das suas caraterísticas, aplicações e impacto em vários sectores. Este estudo destaca o seu papel crucial nos ecossistemas marinhos, bem como a sua capacidade de oferecer soluções inovadoras para os desafios ambientais e económicos contemporâneos.

No decurso desta investigação, tornou-se claro que as algas, sejam elas micro ou macro, são muito mais do que uma simples fonte de oxigénio ou parte da cadeia alimentar. Elas estão a revelar-se recursos versáteis, capazes de satisfazer uma multiplicidade de necessidades humanas, desde a produção de energia renovável até à alimentação, cosmética e medicina. O seu potencial na luta contra as alterações climáticas, graças à sua capacidade de capturar dióxido de carbono e produzir biomoléculas, é particularmente promissor.

A inovação nas técnicas de cultivo e exploração de algas abriu novas perspectivas, tornando a produção em grande escala não só possível, mas também economicamente viável. No entanto, a aplicação destas inovações à escala industrial exige uma colaboração estreita entre investigadores, industriais e decisores políticos, bem como um quadro regulamentar adequado para garantir a sustentabilidade dos ecossistemas marinhos.

Em conclusão, este estudo realça a importância das algas como um ator importante no desenvolvimento sustentável. Representam uma resposta potencial aos actuais desafios globais, nomeadamente em termos de segurança alimentar, transição energética e proteção do ambiente. Para explorar plenamente este potencial, é essencial prosseguir os esforços de investigação e inovação, integrando simultaneamente as algas nas estratégias económicas e ambientais globais. O futuro das algas dependerá da nossa capacidade de reconhecer o seu valor e de as integrar nos nossos sistemas de produção de uma forma que seja simultaneamente amiga do ambiente e economicamente viável.

REFERÊNCIAS BIBLIOGRÁFICAS

1. Ainane, T., & Abourriche, A. (2014). Alga marinha marrom *Bifurcariabifurcata*: fracionamento bioguiado de extratos por atividade antibacteriana e teste de citotoxicidade. *Biosciences Biotechnology Research Asia, 11*, 1081-1085.
2. Ainane, T., Abdoul-Latif, F., El Yaagoubi, B., Boujaber, N., Oumaskour, K., &Ainane, A. (2021). *Nannochloropsisoculata* microalga para fertilização: Fracionamento bioguiado de extrato de N-hexano, estimulando a atividade de crescimento para *Cucurbita moschata*. *PharmacologyOnline, 3*, 1803-1809.
3. Ainane, T., Abourriche, A., & Kabbaj, M. (2015). Análise físico-química por SEM-EDX e FTIR duas algas marrons *Cystoseiratamariscifolia* e *Bifurcariabifurcata*. *BioTechnology An Iridian Journal, 11*(5), 185-188.
4. Ainane, T., Abourriche, A., Bennamara, A., Talbi, M., &Lemrani, M. (2015). Atividade anti-leishmanial de extractos de uma alga castanha *Bifurcariabifurcata* da costa atlântica de Marrocos. *Phytothérapie*, 1-6.
5. Ainane, T., Abourriche, A., Kabbaj, M., Elkouali, M., Bennamara, A., Charrouf, M., &Talbi, M. (2014). Remoção de crómio hexavalente de solução aquosa por algas marinhas cruas e quimicamente modificadas Bifurcariabifurcata. *Journal of Materials and Environmental Science, 5*(4), 975-982.
6. Ainane, T., Abourriche, A., Kabbaj, M., Elkouali, M., Bennamara, A., Charrouf, M., &Lemrani, M. (2014). Atividades biológicas de extratos de algas marinhas *Cystoseiratamariscifolia*: Atividade antibacteriana, atividade antileishmanial e citotoxicidade. *Jornal de Pesquisa Química e Farmacêutica, 6*, 607-611.
7. Alam, M. A., Xu, J. L., & Wang, Z. (Eds.). (2020). *Microalgae biotechnology for food, health and high value products* (pp. 81-123). Springer.

8. Alam, M. A., Xu, J. L., & Wang, Z. (Eds.). (2020). *Microalgae biotechnology for food, health and high value products* (pp. 81-123). Springer.
9. Babich, O., Sukhikh, S., Larina, V., Kalashnikova, O., Kashirskikh, E., Prosekov, A., ... &Dolganyuk, V. (2022). Algas: Estudo de fracções comestíveis e biologicamente activas, suas propriedades e aplicações. *Plantas, 11*(6), 780.
10. Barsanti, L., & Gualtieri, P. (2022). *Algas: Anatomia, bioquímica e biotecnologia*. CRC Press.
11. Fernández, F. G. A., Reis, A., Wijffels, R. H., Barbosa, M., Verdelho, V., & Llamas, B. (2021). O papel das microalgas na bioeconomia. *Nova Biotecnologia, 61*, 99-107.
12. Fernández, L. A. G., Ramos, V. C., Polo, M. S., & Castillo, N. A. M. (2023). Fundamentos em aplicações de biomassa de algas: uma revisão. *Journal of Environmental Management, 338*, 117830.
13. Harvey, W. H. (2024). *A manual of the British algae*. BoD-Books on Demand.
14. Jacob-Lopes, E., Queiroz, M. I., & Zepka, L. Q. (Eds.). (2020). *Manual de pigmentos de microalgas*. Springer.
15. Kumar, B. R., Mathimani, T., Sudhakar, M. P., Rajendran, K., Nizami, A. S., Brindhadevi, K., & Pugazhendhi, A. (2021). Uma revisão do estado da arte sobre o cultivo de algas para energia e outros produtos valiosos: Aplicação, desafios e oportunidades. *Revisões de Energia Renovável e Sustentável, 138*, 110649.
16. Maadane, A., Merghoub, N., Ainane, T., El Arroussi, H., Benhima, R., Amzazi, S., ... & Wahby, I. (2015). Atividade antioxidante de algumas microalgas marinhas marroquinas: perfis de PUFA, carotenóides e conteúdo fenólico. *Jornal de Biotecnologia, 215*, 13-19.
17. Mendes, M. C., Navalho, S., Ferreira, A., Paulino, C., Figueiredo, D., Silva, D., ... & Speranza, L. G. (2022). Algas como alimento na Europa: Uma visão geral da diversidade de espécies e sua aplicação. *Foods, 11*(13), 1871.
18. Mohamed Abdoul-Latif, F., Ainane, A., Achenani, L., Merito Ali, A., Mohamed, H., Ali, A., ... &Ainane, T. (2024). Produção de fucoxantina a

partir de microalgas *Isochrysisgalbana* de Djibouti: Otimização, correlação com o potencial antioxidante e abordagens bioinformáticas. *Marine Drugs, 22*(8), 358.

19. Mohamed Abdoul-Latif, F., Ainane, A., Houmed Aboubaker, I., Merito Ali, A., Mohamed, H., Jutur, P. P., &Ainane, T. (2024). Desbloqueando o ouro verde: Explorando o tratamento do cancro e o outro potencial terapêutico dos derivados de fucoxantina de microalgas. *Pharmaceuticals, 17*(7), 960.
20. Pereira, L. (2021). Macroalgas. *Enciclopédia, 1*(1), 177-188.

MIX
Papier aus verantwortungsvollen Quellen
Paper from responsible sources
FSC® C105338

FSC
www.fsc.org

Printed by Books on Demand GmbH, Norderstedt / Germany